"社科赋能山区（海岛）县高质量发展行动"研究成果
浙江省教育厅一般科研项目（Y201941709）
浙东唐诗之路传统聚落与建筑形态研究
台州市哲学社会科学规划课题成果（19GHWH08）

# 诗礼传家

## 天台古县城历史建筑

沈晶晶　王波　孟勤林　著

华中科技大学出版社
http://press.hust.edu.cn
中国·武汉

台州建筑遗产文化丛书

## 内 容 简 介

　　"浙东唐诗之路"是我国华东极为重要的区域文化线路，亦是一条充满诗情画意的山水人文走廊，迄今遗存了大量传统聚落、历史古迹和典故诗篇。天台作为浙东唐诗之路的终点，古驿道丰富，水路方便，给传统聚落与建筑提供了自然和人文基础，天台古县城处于天台盆地，为天台中心，建筑形制非常有代表性。乡村传统聚落与古建筑测绘是保护、发掘、整理和利用古代优秀建筑遗产的基础环节，同时又为建筑历史与理论研究、建筑史教学、乡村文化保护提供翔实的基础资料，为继承发扬传统建筑文化、振兴乡村文脉提供借鉴。本书从古县城聚落层面地理环境，街巷网络空间到典型的建筑层面的数据测绘分析，翔实地介绍了天台古县城的聚落与建筑形态。

**图书在版编目（CIP）数据**

诗礼传家：天台古县城历史建筑 / 沈晶晶，王波，孟勤林著. — 武汉：华中科技大学出版社，2024.6
ISBN 978-7-5772-0294-5

Ⅰ.①诗… Ⅱ.①沈… ②王… ③孟… Ⅲ.①古建筑 – 建筑艺术 – 天台县 Ⅳ.①TU–092.2

中国国家版本馆CIP数据核字(2023)第235887号

**诗礼传家—— 天台古县城历史建筑**　　　　　　　　沈晶晶　王　波　孟勤林　著
Shili Chuanjia——Tiantai Guxiancheng Lishi Jianzhu

策划编辑：金　紫
责任编辑：周怡露
封面设计：原色设计
责任监印：朱　玢
出版发行：华中科技大学出版社（中国·武汉）　　　电话：（027）81321913
地　　址：武汉市东湖新技术开发区华工科技园　　　邮编：430223
录　　排：华中科技大学惠友文印中心
印　　刷：湖北新华印务有限公司
开　　本：787 mm×1092 mm　1/16
印　　张：12.5
字　　数：202千字
印　　数：1000
版　　次：2024年6月第1版第1次印刷
定　　价：98.00元

投稿邮箱：283018479@qq.com
本书若有印装质量问题，请向出版社营销中心调换
全国免费服务热线：400-6679-118　竭诚为您服务
版权所有　侵权必究

# 序

## 一

天台素以山水神秀、佛宗道源而闻名，其实古城民居也别有风味。20 世纪六十年代，中国建筑科学研究院考察中国民居，曾亲临天台；九十年代，中国建筑学会编写《中国传统民居》，书中详细介绍了天台的五关里和张文郁故居。吸引建筑专业顶尖学者聚焦于此的原因，莫非就是古城藏锦绣、山城是一家吧！

据《嘉定赤城志》记载，天台于三国吴永安年间始筑城，至今一千八百年。该古城位于天台盆地的中心，北枕天台山，南临始丰溪，引赭溪之水由东北绕城西注入始丰溪，东又有若干湖泊分布，供、排水无虞，洪涝不忧，处处体现古人杰出的建筑水平。城内至今格局依旧，丝毫未见一般古城中积水内涝等问题，可见天台古城的选址，是循乎古代景观学之原理："非于大山之下，必于广川之上，高勿近阜而水用足，低勿近水而沟防省。"

天台古城，得天台山之灵气。要发现天台古城之奥秘，似乎需要一个更为宽广的视野。"天台邻四明，华顶高百越"，只有站在天台山顶，环宇四顾，你才明白，天台不仅仅是台州人的天台，自东晋孙绰咏《天台山赋》以来，天台从来就是天下人的天台！以徐霞客《游天台山日记》为例，"（初七日）与云峰循路攀援，始达其巅。下视峭削环转，一如桃源，而翠壁万丈过之"，殊胜的风景被他一日看尽。他站在琼台极目而望，山在城外，城在山中，城只是万山丛中的一朵云。所以，当徐霞客登上琼台，美景尽收眼底之时，自然会有孙绰当年"穷山海之瑰富，尽人神之壮丽"之慨叹！

天台古城，披始丰溪之恩泽。始丰溪是天台的母亲河，源自盘安县大磐山南麓，贯穿天台盆地，在天台古城前一折而南，与永安溪一起汇聚为灵江，以一往无前的气势，东入大海。

仁者乐山，智者乐水。因着天台山，天台古城便有了一股从骨子里透出的硬气，书写着时世无常而弘毅挺拔的血性和风骨。山是城的精神，城是山的肉体。因着始丰溪，天台古城便有了一道从肺腑里泻出的秀美，沉淀着岁月不改而温润儒雅的内涵和气质。国清寺、桐柏宫千年的发展，离不开三教圆融、互借智慧。古城中的孔庙和县学，是儒家安身立命的精神家园，也是诗礼传家的文化地标。位于"二纵一横"之"一纵"的文明巷，其西侧的东岳宫，曾是明代管理全县道教事务的道会司所在地。"一横"是商业繁盛的永清街和泰宁街，是向天台山输送货物的血脉，徐霞客去寒、明两岩，便是从西门雇的坐骑。另外"一纵"四方塘路两侧，则多为官宦人家，人们聚族而居，默默传承家学渊源！

本书的贡献，首先在于建筑学维度。撷取天台古城中具有典范意义的历史民居进行测绘，无疑有其独到的眼光。本书内容包括祀庙府邸之将军庙、司空第，文人雅居之度予亭、养真堂，以及民居群落妙山花楼等。所谓梁柱为主，以构架纵横承托为营造"文法"，本就是传统建筑理论之精华。而本书在此基础上，以实地勘测为依据，整理归纳出天台古城民居一字形、凹字形、回字形等单元布局，以及梁架结构中多为梭柱形式，斗拱斜撑，转角更为灵动的地方建筑特色，这不仅以地域民居的类型丰富了传统建筑理论的内涵，而且在测绘的学术方法和实践路径上也进行创新。

本书的贡献还在于伦理学维度。传统民居建筑特征的背后，寄托着政治、宗法、风俗等思想理念，无论是"非令壮丽无以重威"的高墙大院，还是"上栋下宇以避风雨"的普通民宅，都是研究家庭结构、生活方式、审美意识、民俗演变、心理沉淀以及时代氛围的绝好资料。其院落的空间布局，体现了一家人牵儿携女、长幼有序的伦理秩序。所以，梁思成才会说，家乡的一角城楼，几处院落，一座牌坊，近郊的桥，山前的塔，村里的短墙与三五茅屋，都能勾起我们的乡愁！也正是在这个意义上，我们说本书从伦理维度诠释了"诗礼传家"的本质内涵。

本书的贡献更在于审美学维度。一切建筑，都是结构技术和环境思想之综合。譬如传统的飞椽翼角，既具有"吐水疾而溜远"的实用功能，而同时具有柔和舒展、静中生动、向天而飞的生动气韵。本书充分运用多种测绘方法以及整体、局部等不同绘制功能，既有梁柱构架之大木作，又有窗雕花饰之细功夫，既呈现传统民居空间视角上错落有致的通透感，又隐伏着水声、风声、鸟声等生态"声景"再造之可能。翻阅本书，颇有身在园林、清风拂面之雅韵。虽说现今可以依托许多绘图软件作为技术支撑，但依图形之精准美观论，必离不开绘图者的审美趣味和美术功底。

本书的作者，台州学院建筑学的三位年轻教师，与我都有或多或少的文化情缘，他们在省高校微课评比和中国古村落传承保护等方面也多有斩获。今嘱我作序，我自知隔行如隔山，对此建筑测绘专业书不该置喙，但有感于年轻人勤恳致学，术有专攻，如今又带着学生，顶严寒冒酷暑，几番赴天台古城实地勘踏，测绘了诸多古建筑，为专家学者进一步的发掘研究提供了宝贵的基础资料，其志可嘉，其诚可喜，其业可贺，故仅从自己所知的文化角度简述阅读心得，是为序。

台州学院原副校长，教授

# 序二

我国历史源远流长。祖国大地上遗存的大量优秀建筑实物，是闪亮的东方明珠，在世界上独树一帜，具有较高的历史、科学和艺术价值。它们是祖先创造物质文明和精神文明的证据，是历史发展无可替代的实物例证。但是随着社会和经济的快速发展，太多优秀历史建筑因无法满足当下生活所需，又因财力和专业技术人员的缺乏，在尚未进行系统记录和研究的情况下就面临价值不足的问题，处于濒临消亡的境地。

台州，依山面海。《嘉定赤城志·山水门》记载："台以山名州，自孙绰一赋，光价殆十倍。"台州因天台山而得名，历史悠久，文化兴盛，境内不仅拥有临海、天台、桃渚宁海等古城聚落，还保留了国清寺、千佛塔等建筑，是浙东唐诗之路的重要组成部分，也是徐霞客游记的始发地。

台州传统聚落和建筑是千百年历史文化的积淀，具有深厚的文化底蕴。当地人不仅修造大宅和祠堂，还兴办学堂，积极建设庙宇、路廊等，促进地方文化的发展。历史上，台州名人辈出，这得益于合理的聚落布局和可持续的发展模式。台州传统聚落在选址布局、水系结构以及建筑单体结构、空间和材料的选用上都体现了和合共生文化精神和自然观念。如临海台州府城的选址，其城墙骑山沿江就势，并根据军事和防洪要求，利用当地的自然地理特点对城防系统进行创新，独特地创造了双层空心敌台和江边一边圆一边方的"马面"，体现了鲜明的地域文化特色。又如天台古县城自建县伊始，背靠天台山南麓，面向始丰溪北岸，地处天台盆地的河谷平原中部，赭溪绕西城而南注，还有乌石溪自北往南，也是充分利用山川形势的典型案例。台州的传统建筑形制古朴，极富特色，颇有唐宋遗风之意。建筑平面形制上最典型的就属三台九明堂，体现了一种本土的礼制关系。建筑的构件形式与工艺创造性地运用叉拱结构，艺术精致的马头墙，尤其在临海、天台古民居上有较多留存。国内对传统建筑的研究源于营造学社梁思成、刘敦桢等前辈，而纵观整个传统建筑文化研究领域，台州的传统聚落和建筑也是中国建筑文化研究中不可缺失的一部分，所以台州的历史建筑测绘活动继承了梁思成、刘敦桢等先驱者的精神，延续保护和传承历史建筑的使命。

为了系统挖掘、研究台州传统建筑文化，建筑系教师团队计划陆续整理并出版台州建筑遗产文化丛书。借大树文物与历史建筑学院开办之际，有序组织学生参与实地调研和测绘，结合相关专家、教师的研究，对理论进行系统梳理，这不仅为后续保护实践工作打下坚实的基础，也是培养历史建筑保护方向人才的重要举措。

　　今年台州学院大树文物与历史建筑学院召开了文化遗产与历史建筑保护论坛，旨在加大政府、高校、学者等对台州建筑文化遗产的关注力度，也希望未来能在依托古建公司师资力量和实践资源的基础上产教结合，创新历史建筑保护方向人才培养的新模式，为整个行业培养栋梁之才。我相信，本书的出版将为台州建筑遗产文化研究翻开新的一页。

中国建筑协会古建筑分会副会长

台州学院大树文物与历史建筑学院院长

# 序三

党中央、国务院高度重视历史文化保护工作。习近平总书记多次强调，要更多采用"微改造"的"绣花"功夫，对历史文化街区进行修复，像对待"老人"一样尊重和善待城市中的老建筑，保留城市历史文化记忆。历史文化街区和历史建筑是城乡记忆的物质留存，是人民群众乡愁的见证，是城乡深厚历史底蕴和特色风貌的体现，具有不可再生的宝贵价值。在城乡建设中做好历史文化街区和历史建筑的保护工作，对于坚定文化自信、弘扬中华优秀传统文化、塑造城镇风貌特色、推动城乡高质量发展具有重要意义。各地应充分认识到保护历史文化街区和历史建筑的重要性与紧迫性，加大保护力度，坚决制止各类破坏历史文化街区和历史建筑的行为。

天台县位于中国浙江省台州市，拥有悠久的历史和丰富的文化遗产。天台山位于天台县内，是浙东名山，蜿蜒于东海之滨，以其绚丽多姿的形貌和深邃厚实的内涵，孕育出华夏文明苑囿中散发着独特芬芳的奇葩，这就是"天台山文化"。天台多山多水，又有平原，地形复杂，河渠纵横，竹、木、石建筑材料丰富，木匠帮派发达，住宅形态多种多样，尤其是中小型住宅，工匠因地制宜，千方百计建造出灵巧合理又千变万化的住宅。

古代优秀建筑遗产蕴含了古人的思想和智慧，学生直接与之接触，并与其对话，从而认识、体验、发现天台山文化，用建筑师的图学语言予以描绘，可深化感性认识，同时也为树立遗产保护意识、克服历史虚无主义以及发展理论思维能力奠定了良好的基础；传统建筑复杂的形式与构造，是提高学生对形体空间的理解能力和表达能力的极好教材，可以有效提高学生对建筑的洞察力、尺度感及形式敏感度，提高空间认知、审美能力，以及图学语言的表达能力，为后续课程打下坚实基础；作为综合性的实践环节，古建筑测绘要求学生灵活运用建筑史、建筑制图与阴影透视、建筑设计基础、计算机制图、乡土建筑等领域的基本知识与技能，掌握建筑测绘方法，为学生提高动手能力、应变能力及知识技能的迁移能力和创造能力提供了良机；古建筑测绘可潜移默化地培养学生的爱国主义精神、团队协作精神、严谨求实精神、工匠精神，成为生动的社会性德育课堂；历史建筑测绘建档工作的开展，将为后续历史建筑的迁移与复建、修复与保护、激活与利用提供详细的基础数据，是历史建筑保护的重要保证，是做好历史文化保护工作的前提和基础，对于加强历史建筑保护、延续城市文脉具有重要意义。

　　台州学院建筑学专业自开办以来，就设置古建筑测绘、乡土建筑等历史建筑保护课程。沈晶晶、王波、孟勤林等老师组成的教学团队，几年来深耕天台县历史建筑，并测绘建档，组织学生深入天台，走进乡村，与古建筑对话，与村民访谈，测量每一栋古建筑，了解每一栋古建筑的材料，挖掘每一栋古建筑的人文背景，记录每一栋古建筑的建造与变迁过程。他们收集了大量的第一手资料，并整理成册，以飨读者。

　　我们将继续致力于古建筑测绘的研究和实践工作，不断改进技术手段，提高测绘的精确度和效率。我们希望通过努力，能够更好地保护和传承天台县丰富多样的历史建筑文化。

台州学院建筑系主任

# 前言

　　天台山位于浙江省东中部，拥有得天独厚的自然景观和人文景观。自古以来，这里就是文化繁荣、文人墨客荟萃之地，有着深厚的文化底蕴和独特的文化特色。其中，天台古县城的历史建筑群，更是这一文化的瑰宝，见证了天台山历史的发展与变迁。

　　天台古县城，始于东汉，是历史上天台的政治、经济、文化中心。这里保存了大量的历史建筑和文化遗产，其中既包括儒家的诗礼传统，也有佛教、道教的宗教建筑和信仰文化。这些历史建筑，以其精美的雕刻、壁画和独特的建筑风格，向世人展示了古代天台山人民的智慧和艺术才华。

　　本书旨在通过对天台古县城历史建筑的研究和介绍，让更多的人了解和认识天台山的历史文化。我们希望通过这本书，能够向读者展示天台山儒、释、道三教合一的历史传统和文化特色，以及天台山人民对于诗礼文化的热爱和追求。

　　本书卷壹第一部分为王波老师撰写，第二、三、四部分为沈晶晶老师撰写，卷贰为沈晶晶、王波、孟勤林老师所负责的历史测绘课程成果，由 16 建筑学、17 建筑学全体同学参与完成。同时在本书的出版过程中，我们得到了天台县文化和广电旅游体育局、天台县住房和城乡建设局、天台山文化研究会的大力支持和帮助。他们的热情和专业，使我们得以深入挖掘和整理这些历史建筑背后文化内涵。在此，我们对他们的辛勤工作和付出表示衷心的感谢。

　　我们相信，本书将成为读者了解天台山历史文化的重要窗口，也将对保护和传承天台山的文化遗产产生积极的影响。我们期待着更多的读者能够通过这本书，走进天台山，感受这里的历史文化魅力。

# 中山东路片区

中山路（包括中山东路和中山西路）位于天台旧城区南缘，东起原应台门，西迄原永清门外二里许，横贯全城，全长 2020 米，是古县城经济文化的中心，两侧保留的历史文化遗迹较多，自东向西有镇东殿、东门戏台、陈氏祠堂、孔庙义井、乌门楼许民居、将军庙、临川桥等。

中山东路片区

# 中山西路片区

　　中山路在三国筑城时已有雏形，北宋重修城墙时正式形成，随着南宋迁都临安后，经济文化不断地强化，成为全县最繁华的商业街，大街自东向西有很多百年老店，杨茂林、陈隆兴、宝昌、桃源春、安仁堂、姜宝山、同寿堂等，本书所选建筑多为中山路两侧片区。

中山西路片区

# 目 录

卷壹　理论篇

# 壹　诗礼传家的天台建筑

天台是浙东名邑，素有"小邹鲁"的美誉。当地诗礼传家、文风鼎盛。它的风流雅韵裏挟着浓厚的唐风宋韵迎面而来，在经历了千百年佛音道韵的洗礼之后，逐渐变得简约凝练，在不知不觉间便浸润了诸多的历史建筑。

天台是省级历史文化名城，其建筑文化底蕴浓厚。对不认识天台的人来说，它只是宗教圣地，但稍稍了解一下天台，就会发现它别有不同。天台是儒释道三教共参的仙都，充满了深厚的哲学思辨和人文底蕴。比如唐代寒山子隐居于寒石山，济公成长于永宁村，这两位大师一个做了最好的自己，另一个爱打抱不平，这就是和合文化的精神来源。三教共参的传统，开始于隋代智者大师创建天台宗之初，接力于北宋紫阳真人振兴全真道南宗之时，在南宋朱熹主管台州崇道观、提倡理学时达到高潮。

因着三教共参的传统，天台风俗并没有一边倒地成为宗教或者政治的傀儡，而始终保持着朴素而有活力的民风，风流洒脱，知礼好义。风流洒脱体现在以诗作为载体，如寒山的诗、唐诗之路上的诗，让人神清气爽、逸兴遄飞；知礼好义以天台古城中大量的建筑文化遗存为载体，浓缩了千百年的儒家礼教。

儒家重礼，天台古称"乐善之邦"，民俗俭而勤，民性淳朴而强悍重义。民国《天台县志稿》称："天台人多聚族而居，重宗谊，善团结。"旧时天台城内聚族而居，如东门陈姓，溪头姜姓，桥上王姓，后司街曹姓。东门哲山的陈氏祠堂是全县最古老的祠堂。妙山陈氏的花楼民居群现存亚魁第、进士第、新花楼等，包括十三个四合院，四十多个小院，数百间房子。楼名"花楼"，源自《礼记·乐记》一文中的"乐者，德之华也"。以孝悌立家的城西坡街许氏为天台一大望族，以乌门楼许为中心。"乌门楼许"出自银山祖坟孝感动天的"乌牌门"典故，许氏宗祠大门外建一牌坊，上书刘伯温题赠的"文献世家"，称为文献世家坊。城郊水南村是天台最大的村，村里共有许氏十房宗祠群。

家以多代同居共炊为荣，有四世同堂、五世同堂。朱氏"五世同堂"民居因其台门上嵌有"五世同堂"匾额而得名。清嘉庆年间，身为贡生的宅主朱安邦一门五代同堂不分家，得到清咸丰皇帝的钦准嘉奖而赐该匾额。

礼也直接体现在礼制建筑上。天台孔庙是礼制建筑的最佳体现，始建年代不详，北宋皇祐五年（1053年）重建于始丰溪畔，于明代万历二十二年（1594年）迁至今址。天台县衙虽重建于民国，但前后有一千八百年历史。宋朝的天台县衙在城垣上开东、西两门：东门建有班春亭，在此颁布督导农耕的政令；西门建有宣诏亭，是领受和传达皇帝圣旨和上级文书命令的地方。至清雍正年间，县衙建设更为完善，公堂前建有一戒石亭，亭内立一石碑，面对仪门刻"公生明"三字，面对公堂刻"尔俸尔禄，民膏民脂，下民易虐，上天难欺"，很好地体现了礼制的精神。现后院披廊墙上嵌有"去思碑"，表达了天台百姓对礼制精神的肯定。

"学者能以道艺著，壮者多以气节显"，读书知礼的天台人，出了"江南第一清官"范理、"铁面御史"鲁穆、"直声动天下"的谏官庞泮、抗日烈士陆蠡等历代典型的硬气文人。

诗以言志，歌以咏怀。诗也是天台的一大特色。初唐台州刺史闾丘胤所作的《寒山子诗集序》，近代以来风靡欧美和日本，形成世界范围内的"寒山诗热"。盛唐因李白的《琼台》《天台晓望》《梦游天姥吟留别》等描写天台的优美诗句，间接促进了浙东唐诗之路的兴起。唐代共 400 余位诗人用诗歌铺就了一条著名的"唐诗之路"。明代许鸣远也不堕先祖的声名，在天台编成《天台诗选》，共收纳唐寒山子等 324 位诗人的诗作。

诗人具有浪漫情怀。天台文人读书之余，更喜欢融入自然环境。远在汉朝就有汉儒高察隐居察岭读书，到了南齐，顾欢在楢溪开书馆授徒，培育人才，成为天台教育的启蒙者。两宋至明清，城内外有曹源、丹山、观榜、清溪、文明、文溪、蓝州、玉湖、赤城、苍山等书院，无不占据风景优美之地。

爱写诗、爱读书也印刻在天台建筑的基因之中。官宦之家大司空第，门头题"卧雪遗风"，是张文郁用来培养后人的书塾。度予亭为张文郁的书房，几成古代"网红打卡地"，"系高高祖太素公致仕后游憩之所也。栽花垒石，蓄鱼饲鹤，往来宾客作诗、论文于其中。有花树、池沼、岩石，前映书窗，四方士友，至台必访"。

富室大家也毫不逊色，妙山老花楼民居群中的慎德楼，有一四五平方米的小天井，内有鱼池、花木，墙上有一砖雕装饰门楼，上刻"作濠间想"四字，处处透露着中国文人特有的人生态度；清代陈兆讷建造了通往妙山顶宅院的通幽小径，在山顶挖一池碧水，于水池之上建"仰止亭"，可临水翻书品茗。民国时期新花楼的陈钟祺，东渡日本之后回乡教书，留下了《妙山集文稿》《妙山集诗稿》《天台风俗志》和《天台山文化史》。人家也是如此，妙山上的书衍堂，房前有树荫遮塘，池塘名"书衍塘"，门额上匾题"书塘衍义"，可见户主爱书如命。真是"市井长巷，书生颇多硬气；深山穷谷，稚子皆知读书"。天台不愧是一处名扬浙东、诗礼传家的古县城。

# 贰 天台古县城形态变迁示意

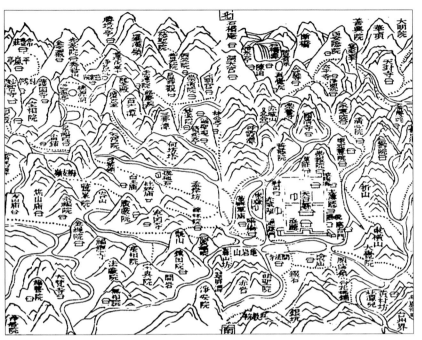

南宋嘉定年间天台县境图

资料来源：宋《嘉定赤城志》

天台县，本汉始平县，晋太康改始丰，属临海郡。宋因之，隋废。唐武德复置，属海州。后废，正观复置。上元改唐兴，梁开平改新兴，后唐同光复名始丰，晋天福改台兴，国朝建隆初改今名（天台）。

周回四百步，吴永安中筑。按砖刻，宣和三年重修，今稍颓圮。有二门：东曰应台，西曰通越。

——宋《嘉定赤城志》

明嘉靖年间古城格局

资料来源：明《赤城新志》

明嘉靖乙卯冬，倭寇深入，以无险可凭，公私悉付灭烬，冯令兰中请建城，经始于丙辰，至丁巳冬，钟令钮讫工。有四门，东曰应台，南曰玉笥，西曰通越，北曰金庭。又开小城门四，以便民。万历甲午，刘司理启元署县事，改筑南门，与学宫相对，更名焕文。

——清康熙《台州府志》

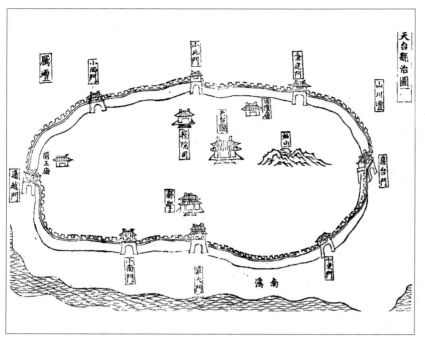

清康熙天台古城图（一）

资料来源：清康熙《台州府志》

国朝辛酉，南城楼复圮，令胡万宁重修。形家谓，南属离火，楼不宜高，建平屋，以像书笥，余堵堞俱加增葺，高坚如故。

——清康熙《台州府志》

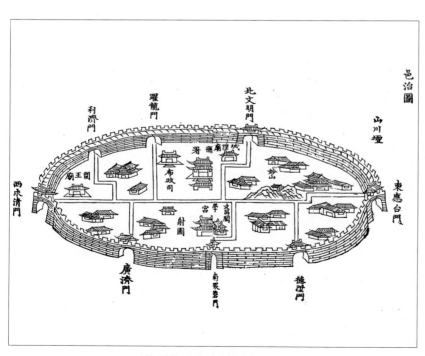

清康熙天台古城图（二）

资料来源：《台州古旧地图集》

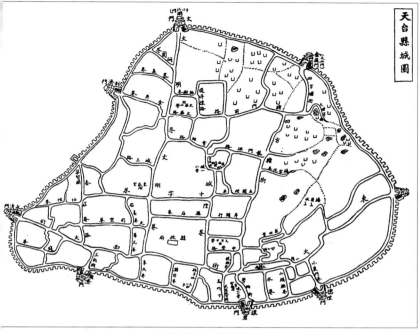

民国天台县城图

资料来源：民国《台州府志》

光绪十二年，令刘颂年复修迄今。西门一带新筑之城，每被赭溪洪水所冲，已塌去不少。然则，思患预防，大起宏规，是所望于守土之长矣。

——民国《台州府志》

二十世纪六十年代天台县城图

资料来源：天地图

辛亥革命之后，城池如故，1949年天台解放，属台州专区，1954年台州专区撤销，属宁波市专区，1957年台州专区恢复，划归台州，1958年撤台州专区，属宁波专区，1962年，重置台州专区，复归台州。二十世纪六十年代初至七十年代初，由于市镇建设需要，旧城被逐渐拆除。拓宽文明巷，改名为劳动路。

——2004年《天台历史文化名城保护规划基础资料汇编》

2009 年天台县城图
资料来源：奥维地图

　　1994 年，台州撤区建市，天台为台州市所属县，九十年代，拓宽劳动路。改造工人路成为横贯古城南北东西的主要街道。改为人民路和赤城路为古城与外部直接主要交通。
　　——（1989—2000）天台县志

2022 年天台县城图
资料来源：国家地理信息公共服务平台

　　近年，沿赭溪两岸（北至赤城路，南至人民西路并延伸至始丰溪口）改造进行中。

# 叁　天台古县城空间格局

　　近现代工业迅速发展，人口急剧膨胀，城乡建设用地不断开发，经济加速发展，生产力水平提高，城市化发展策略与传统聚落形态发展之间存在的现实矛盾并非一日之寒。然而与此同时，现代规划设计的介入并没有充分考虑传统聚落的固有特点，反而造成"城市病"愈演愈烈，蕴含在传统聚落中的建筑空间特色、人文精神正逐渐被漠视，对此抢救性挖掘、收集和整理迫在眉睫。

　　天台地处台州北部天台盆地，聚落因山采形，就水取势，驿道串联，历史积淀深厚，显现出浓郁的地域特色。该地成为浙东传统聚落的典范。天台古县城"得天台山之灵气，披始丰溪之泽恩"。选址依中国传统风水"气乘风则散，遇水则止"的观点。赭溪缘城右缓缓而下，金（西）、水相契，天台古县城空间布局和形态显现出鲜明的地域特色。在城市形态的格局下，民居建筑受水系分布、传统街巷网络、城市界面、局部地理特征、地界分隔、地方材料、营造技艺等因素的制约，融合诗书礼制文化而建，对建筑空间深入分析有助于历史建筑信息的挖掘及探索。

## 一、古县城格局形态

　　由北部天台山脉沿溪而下至县城，从佛宗道源地至世俗生活，从清静自然到喧哗小城，从原始生态到城市建筑，地势逐变，形态渐变。除城东小山妙山（第一山堡，即妙山堡，在县志东[1]）之外，天台古县城基本上呈北高南低的格局，与之对应的是水系的分布。大水串城，小水逼山，发源于天台山脉、流经城西入始丰溪的赭溪和城南的始丰溪是古城的两道天然护城河。天台古县城内水资源甚是丰富，城中有湖几处，或由溪水引入形成水坑，大小水井遍布城中，形成丰富的水系环境。旧城聚落在如此枕山依水的地理环境中逐步发展。

　　天台县，本汉始平县，晋太康改始丰，属临海郡。宋因之，隋废。唐武德复置，属海州。后废，正观复置。上元改唐兴，梁开平改新兴，后唐同光复名始丰，晋天福改台兴，国朝建隆初改今名（天台）[2]。据《嘉定赤城志》记载，天台县汉朝为始平县，经历各代变更，到南宋建隆初才改为"天台"。

　　周回四百步，吴永安中筑。按砖刻，宣和三年重修，今稍颓圮。有二门：东曰应台，西曰通越。[3]筑墙围城，防御是旧时城市建设的重中之重。天台古县城结合赭溪和始丰溪两大水系形成良好的防御系统，自三国时不断扩充，北宋宣和三年（1121年）重修，宋嘉定年间有东、西应台和通越二门。明嘉靖乙卯冬，倭寇深入，以无险可凭，

---

1 喻长霖：《台州府志》，民国。

2 陈耆卿：《嘉定赤城志》，宋。

3 陈耆卿：《嘉定赤城志》，宋。

天台古县城地势分析图

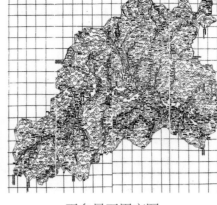

天台县五里方图

公私悉付灭烬，冯令兰中请建城，经始于丙辰，至丁巳冬，钟令钮讫工。有四门，东曰应台，南曰玉笥，西曰通越，北曰金庭。又开小城门四，以便民。万历甲午，刘司理启元署县事，改筑南门，与学宫相对，更名焕文。[1]到明嘉靖三十四年（1555年），倭寇进入天台城，没有受到屏障阻险，放火烧城。嘉靖三十五年（1556年）春，重筑城墙后，并在各重要通道处开城门，共有东、西、南、北四大城门，又在大城门之间各开四个小城门，共八个城门，基本上形成了今天可见的老城区范围，总面积约两平方千米，由于古城南宽北窄呈不规则三角形，俗称"琵琶城"。国朝辛酉，南城楼复圮，令胡万宁重修。形家谓，南属离火，楼不宜高，建平屋，以像书笥，余堵堞俱加增葺，高坚如故。光绪十二年，令刘颂年复修迄今。西门一带新筑之城，每被赭溪洪水所冲，已塌去不少。然则，思患预防，大起宏规，是所望于守土之长矣。[2]明辛酉年（1621年）南城楼倒坍，胡万宁重修如初，光绪十二年（1886年）刘颂年重修，到1936年基本保持原状。西门一带城墙经常被赭溪的洪水冲毁。老城区的基本格局至今未变，而城墙在二十世纪六七十年代则由于防御功能的弱化和市镇发展的需求被拆毁。

　　古城的道路系统分为街、巷、弄三个级别。街为城中重要干道，或与城门连接，除交通外可为商业街，宽三至五米；巷作为城中主要的交通干道，宽二至三米；而宽一米以下的，则为弄。城中横街泰宁街、永清街（今中山东路和中山西路）贯通全城，至今仍发挥着商业作用，纵街有文明巷（北起小北门）、四方塘路（北起后朱洋巷），南与中山路交接；巷配合街基本呈南北或东西走向贯通至街，有华光巷、杏庄巷、市新巷、十字巷等；弄为居民之间的便道，存在于户与户之间或户内，往往曲折细长，与巷交接，有九弯弄、糠行弄、隔墙弄等。这些街巷网络系统成为城市重要的骨架，为古城建筑空间布局的重要依据。

1 鲍复泰，张联元：《台州府志》，清。
2 喻长霖：《台州府志》，民国。

## 二、建筑空间分布

筑墙围城，祠庙、衙署、官学等公共建筑遍布城市之中。县政府为旧时衙门，以公示布告之用，位于现在劳动路11号。在县城之中，其始建不甚可考。《赤城志》载，宋庆元元年，令常建重修，有观政堂为治事之所。有鼓楼在县门上，有班春亭在县治东，有宣诏亭在县治西。[1] 尚未找到史料记载县衙的始建年代，宋《嘉定赤城志》中记载庆元元年（1195年）重修观政堂作为管理县事的场所。乾道二年，令李巽建有瑞萱堂，在观政堂北。淳熙二年，令薛洪建有平心堂……嘉定十四年，令邵继光建有多锦亭，在县圃内，又于丽谯楼之内建旌善、申明二亭。[2] 宋乾道二年（1166年）建瑞萱堂，淳熙二年（1175年）建平心堂，嘉定十四年（1221年）建多锦亭、旌善亭、申明亭。永乐八年，令张坤重新之。正统六年，令吴昌建正堂。弘治七年，丞杨兰建后堂。国朝顺治六年，知县蔡含灵建"坦荡亭"。正堂东为幕厅、为库房，东南为尉廨，后为后堂、为内宅，宅东为东楼，西即"坦荡亭"。正堂前为甬道、为"戒石亭"，东西为吏廊、为仪门，东为土地祠、为宾馆，西为狱。大门上有鼓楼。[3] 现存大堂建于1932年，坐北朝南，面阔三间，进深五间，单檐歇山顶，门窗西式，整体建筑风格中西合璧。

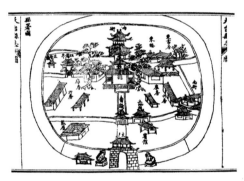
天台县署图（清康熙二十三年）

现大堂照片

自唐以来，天下郡县始立孔子庙，天台孔庙历经水灾、火灾不断重修，现存泮池、棂星门、大成门、大成殿、东西庑、文昌阁、万仞宫墙。庙在县东南二百步，旧在县西南四十步，皇祐中令石牧之即庙建学。后三徙至今地。淳熙中，令赵公植作廊庑、斋庐。嘉泰二年令丁大荣重新之。嘉定元年，令詹阜民创明伦堂，上为尊经阁。十一年，丞陈逢重建大成殿。[4] 庙原来在县西南四十步处，由于被大水冲毁，移至县东南二百步处。北宋仁宗年间重建，南宋淳熙年间，建造廊庑、斋庐。南宋嘉泰二年（1202年）丁大荣重建，嘉定元年（1208年），詹阜民建造明伦堂，嘉定十一年（1218年）

1 喻长霖：《台州府志》，民国。
2 喻长霖：《台州府志》，民国。
3 喻长霖：《台州府志》，民国。
4 陈耆卿：《嘉定赤城志》，宋。

重建大成殿。元至元丙子，毁于兵，县尹张德进、刘庆相继修复。至正末，再毁。至国朝洪武初始重建之，成化乙巳，再毁……[1] 元代至元丙子年（1276年）毁于战争，后重修，至正末年（1368年），再毁。明洪武再重新建，明成化乙巳（1485年）又毁，后重修。嘉靖八年复毁，十二年，令周振扬重建。[2] 训导徐德恂增修戟门及墙垣，教谕杨王治重葺，五十九年庚子，戴令兆佳又修建明伦堂，最后道光八年，张令如松创建校士馆，兼修学宫，栋宇一新，至今朝，庙貌尚依然也。[3] 明朝嘉靖八年（1529年）再毁，1533年重修，又经过不断修缮，现存大成殿脊枋上还留有修建的时间，为清嘉庆十八年（1813年）。

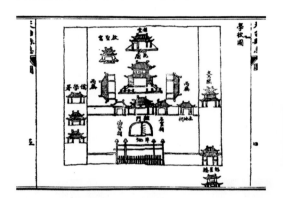

天台学校图（清康熙二十三年）

现大成殿照片

与公共建筑对应的是城市空间节点分布。临川桥（临川桥，在县西一里。旧名西桥，宋隆兴二年，令王琰垒石而建，且亭其上。琰，临川人，故名。[4]）作为赭溪上重要的交通要道，同时作为中山路商业街上重要的商业节点延续至今；三井庙因有三口井而得名，为居民的水源取用及逗留之地，赭溪之西的梅塘，是居民取水纳凉之地，两者自然形成城市空间小节点；其广场随建筑功能而产生，至今仍可见其格局；中山路上将军庙、观音堂通常为宗教节日仪式之用，而在集市之时作为贸易场所，作为城市空间节点，氛围非常浓烈。

民居建筑在城市网络中布局与水系、城墙、街巷、人际关系等要素发生联系。民国《天台县志稿》称："天台人多聚族而居，重宗谊，善团结。"天台城内同姓聚族而居，旧时城内曾分族姓各居一处，如后司街曹姓、桥上王姓、溪头姜姓、东门陈姓等。在街巷命名上故有以姓氏命名的"曹家弄"等，现保存下来的民居大部分成组成团。聚族而居则必有祠堂，祠堂又分大宗、小宗，宗祠的分布也反映了居民聚族而居的特点。

城中心被人认为是最重要的部位，从而城有向心力。从天台县城图底关系看，靠

1 谢铎：《赤城新志》，明。

2 胡宗宪，薛应旂：《浙江通志》，清。

3 喻长霖：《台州府志》，民国。

4 陈耆卿：《嘉定赤城志》，宋。

城墙周围的建筑通常背对城墙，面朝城中。城墙外民居不被墙制约，找到适合自己的布局，沿赭溪两岸的民居以水为靠，建筑面水。而城内远离城墙和溪水的民居则以街巷网络为基准，泰宁、永清商业街以"一"字形建一层至两层建筑，面向街道排列以达到商业最大化的目的。内部街巷民居考虑采光和朝向等问题，与街巷关系不同，建筑基本单元有凹字形、H形、回字形等，朝向不同的单元，由街或弄从不同部位入户。

<table>
<tr>
<td>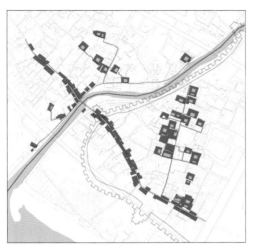</td>
<td></td>
</tr>
<tr>
<td>建筑与街巷的网络关系</td>
<td>天台古县城公共空间要素分布</td>
</tr>
</table>

地界是与传统人居空间"户"相对应的非物质形态概念。地界划分对民居建筑空间布局的影响至关重要。地界可能会因家族变迁或其他因素随着时间的推移发生变化，建筑的空间格局也随之发生变化。在调研中发现，原有住宅因地界变化与随后而建的住宅相连接，同时有因家族变迁将原有住宅划分的情况，这些变数可通过建筑建造上的变化做初步判断。以地界为前提，在自身的地界范围内建造民居，结合朝向、气候、环境等因素创造出多种建筑类型。

# 肆　天台传统建筑空间形态

## 一、建筑空间形态

　　天台传统建筑顺势而筑，充分利用山形，巧妙地构成了丰富的外部空间形式和灵活的内部空间形态，是天台传统建筑的一大特色。地势平坦区域，建筑布局规整，空间形态大气。妙山一带建筑依山而建，巧借山形，随山势层层叠造，对称布置。前院标高最低，大院稍高，正厅阁楼最高。建筑充分利用山形高差，在有两层高差的交接处顺势做了地下室，作为储物之用。

### （一）平面布局

　　天台传统建筑大多采用南方民居中比较常见的院落格局，但是院子比徽州天井大很多，比土楼的院子小，在民居中算得上中上，当地称为"道地"。民居的平面布局与北方合院和江苏中部地区大不相同。北方合院民居由不同建筑围合，平面较规整，江苏地区通常采用"进拼路"方式，由几进带有院子的建筑组成一路，路和路之间可拼合，亦可留巷。而天台民居按照平面基本单元可分为一字形、凹字形、H形、回字形。其最大的特点是灵活布局，通常几组院落围绕主院落采用自由布局的方式，各个院落互相环套，院落的边界不整齐，内部交通线路复杂。每组院落多为以中轴线布置的三合院或四合院，这样的布置方式被称为"十八楼"。这种园林般的平面布局，使人在其中穿行时十分自由舒适，丝毫没有传统建筑等级的压抑感，在传统民居建筑布局中十分罕见。

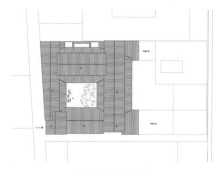
大道地式布局
（天台"五世同堂"民居）

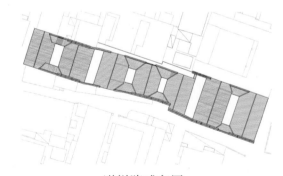
进拼路式布局
（南京蒋百万故居）

### （二）入口方式

　　民居的布置和路网水系关系紧密，入口按照与正房的关系分成直入式与侧入式两大类。直入式的入口与正房是垂直的，从入口进去，人的视线对着正房的开间方向，在设计上也采用比较常见的、较大气的入口方式。直入式入口又有影壁墙式、门屋式、门罩式等。影壁墙式入口通常在街巷界面做一道嵌有影壁墙的院墙，在影壁墙两端分别开两个入口，此种入口方式比较正式，一般为大户人家采用。门屋式入口通常为门屋对着厢房山墙而设，此种做法流线是先进门屋再进山墙檐廊。门罩式在流线上与门屋式类同，只是入口形式不一样，同时体现出建筑形制等级不同。侧入式的入口与正屋的关系是平行的，人从入口进去正对着厢房的位置，需要转弯才能到达正屋，入口通常在厢房开间方向。侧入式又有门洞式、门罩式、牌坊式等。门洞式是最简单的处理方式，通常在厢房的外墙或院墙开门洞，此种方式通常用于次入口。门罩式与门洞式相比较为隆重，用于等级较高的民居建筑。牌坊式是最为隆重的形式，通常把院墙做成牌坊式，砖雕精美。

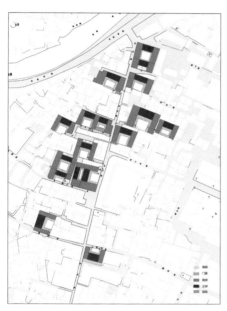

入口与街巷的关系

入口照片

（三）建筑界面

界面是建筑与外围的围合部分，同时又体现出建筑形式。民居建筑与外部空间之间的界面以较为封闭的砖墙为主，砖墙上会根据功能开窗，窗的形式多为比较小巧的石花窗，雕刻精美。中山路的商业街建筑多为下铺上宅，一层多为开敞的可拆卸的板门，二层为私密性较好的带有栏杆或格栅窗的界面。除了商铺，每间隔一段有过街楼，使得商业街巷与内部建筑连接。过街楼的建筑界面通常底层架空，二层为封闭的空间。街巷进退与建筑界面的虚实开合变化形成外界面的丰富形态，传统聚落的韵味油然而生。靠内院的二层的建筑界面以"楼门"为主，"楼门"是由木头制作的类似板门的窗，靠轴转动，关闭后比较严实，这和台州地区多台风有关。而一层基本都以廊子为主，廊子形成的灰空间十分丰富，院落和天井之间通常通过半个开间的巷子连接。

（四）梁架结构

天台地区林木资源比较丰富，建筑梁架形式并不是典型的南方穿斗式，而是以用料较多的抬梁式和插梁式为主。天台民居建筑体量精巧、布置灵活，以五架梁为主，门屋与局部厢房以三架梁为主，有形制较高的大厅甚至用七架梁。梁架做成"月梁造"的较多见，雕刻精美，檐柱处理成《营造法式》上的梭柱形式（凡杀梭柱之法：随柱之长分为三分，上一分又分为三分，如拱卷杀渐收至上，径比栌斗底四周各出四分，又量柱头四分，紧杀如覆盆样，令柱顶与栌斗底相副。其柱身下一分，杀令径围与中一分同[1]），营建考究，柱头通常加斗拱和斜撑，形成较有地域特色的地方建筑样式。通过梁架檩条的调整，屋面举折较明显，由于平面布置并非中规中矩的一进一路，建筑转角特别多见，此时梁架和屋面需要做转角处理，这使得建筑形式更加灵动。

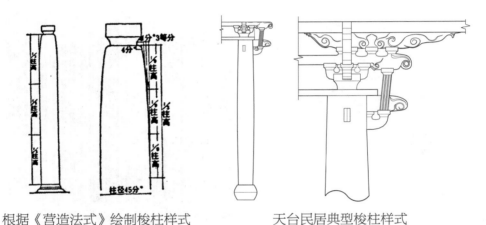

根据《营造法式》绘制梭柱样式　　　　天台民居典型梭柱样式

## 二、"来紫楼"建筑形态

张文郁旧居位于天台县城光华巷内，是明代工部左侍郎张文郁告老还乡后修建的宅院，"宅地之盛冠台邑，东自文明巷，西接杏庄巷，广阔几及里许"。这里成为张文郁、张元声、张享梧祖孙三代与四方士友吟诗唱词、往还唱和的场所，以度予亭为中心，共计十八个道地。现存建筑有主人会客吟诗之处"度予亭"、做学问之处"三逸阁"、读书之处"来紫楼"等，现占地面积为2143平方米，旧居鼎盛时期的形制为天台典型的"三推九明堂"宋式大宅院格局。"来紫楼"为建筑群中至今保存较为完整的一组院落，其空间布局及构架设计十分灵活自然，细部处理适宜典雅，为天台民居建筑之瑰宝。

（一）空间布局分析

建筑群东面设小八字大门，自华光巷出入，客人入门屋后经小天井及轿厅进入主要院子，庭院约长7.92米，宽6.5米，为该组院落中最大的院子。迎面是三开间下厅

---

1 李诫：《营造法式》，宋。

上宅主楼，左右各布置楼梯通至二层楼宅，建筑体量配合院子，亦为建筑群中最大，两厢对称各为三开间单层厅，北厢为一横厅，南厢为书房。书房南面为一精心布置的园林式庭院，靠路侧高墙围绕，以减少外界干扰，同时营造一种静谧的环境。花园尺度非常小，为了减少闭塞感，在设计上，一方面在其与东面小庭院的墙上开大面积漏窗，以增加视觉通透感；另一方面，将假山平面及书房南界面做成反方向的凹形，以增大空间，同时在假山布置上用了遮隐、高低错落等手法使假山上游玩路径更加含蓄，以增大空间感。经假山过两道院门可达街巷，除此之外，南侧另有一道院门，进入之后是一相对空旷的天井，由天井可达庭院和小花园。

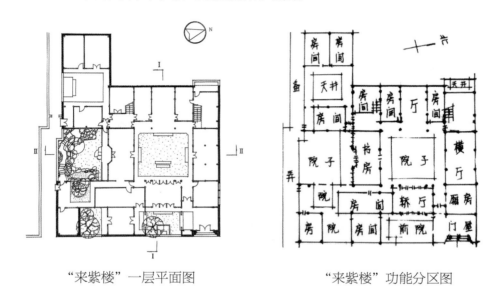

"来紫楼"一层平面图      "来紫楼"功能分区图

　　在单体建筑格局、开间处理上亦体现出巧妙的构思和设计感。单层轿厅长 5.3 米，宽 3.2 米，立面处理上形成小三开间的对称格局，用料多少和比例配合建筑体量得体恰当。对面二层主楼同为三开间，而开间的大小与轿厅出入甚多，轿厅在布局上为中轴对称，三开间之余分别是一通道和一小开间建筑，而左侧小开间与旁边房间连通形成整体房间。轿厅内部无一独立柱子，在小建筑中体会到大空间是其设计的巧妙之处。同样手法在书房中运用得淋漓尽致，书斋开间长 7.92 米，宽 3.2 米，内无独立柱子，靠主要庭院的北界面比较封闭，在主人读书时可隔绝大庭院中的活动的干扰；而靠小花园的南界面则十分开敞，通透的漏空隔扇门把室外的雅致之景引入室内，营造清静宜人的读书环境，使人舒坦自然。

　　"来紫楼"整体布局不同于其他地区"一院一进"民居，其结合地界和使用功能，借用园林

"来紫楼"书斋南外廊

建筑手法，将礼制性住宅和园林巧妙地结合在一起，灵活布置了共七个庭院，相互隔断，同时形成一个互相有联系的整体，是一处典型的兼有园林特点的民居建筑。

（二）技术做法探析

由于地处山区，林木资源十分丰富，"来紫楼"中大多采用了"抬梁"和"插梁"做法，较"穿斗"而言，用料更粗，步架可更大，进深开间也随之扩大。这在轿厅和书房中体现得较为明显，小开间进深用"抬梁""插梁"做法，完全解放室内空间。其中轿厅运用《营造法式》中"殿堂造"，柱子同高，上布斗拱层，使建筑显得端庄不失精细。主楼柱子明显有宋式梭柱特征，斗拱上的斜撑古拙朴实，楼层两端升起明显，建筑外观显得飘逸自如。由于天台地区夏季较湿热，通风、防台风等作用十分重要，檐廊在很大程度上起到隔热、遮阳的作用。窗扇、门扇通透，以加强室内外通风效果，布置十分灵活，如书斋中门窗位置的木板可拆卸，同时，板门、格栅窗、隔扇窗组合使用，以调节不同时间的采光、防护、通风功能。木作采用原木本色，柱枋构造素洁简练，栅棂搭接轻巧爽朗，充分体现出天台民居建筑宁静、明快的居住生活气息。

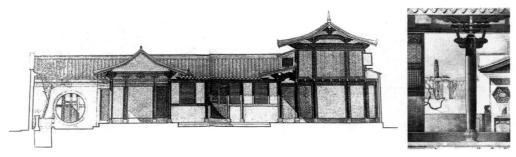

"来紫楼"剖面图　　　　　　　　　　"来紫楼"细部装饰

建筑中也体现出高超的石作技术工艺，石板竖立作墙，上、下设榫，板下设榫头，插入设有凹槽的底板内，板顶开燕尾榫，与木杆梁柱系统连成整体，此做法很大程度上是为了防台风、防潮。石墙转角处理也很巧妙，通常把转角处需要相接的两块石板分别在上、下部砍去一条，做成勾头榫，互相咬扣搭接。这种做法似乎只考虑到构造，然而它在强调石板的薄和构造上的简练的同时，使建筑外观呈现简洁、轻快的效果。在外院墙、院内隔墙以及有通风需求的厨房、储藏间，石板墙上可直接开花窗，营造通透效果，可减轻自重和风压。此漏明窗做法在"来紫楼"院墙中可见一二，手法简洁巧妙，体现了施工技巧。

卷贰 实例篇

朱太丰宝

梅塘

凌氏书房

武举人

同寿堂
药店

朱秀才宅

杏庄

临川桥

永清门

将军庙

乌门楼许

大

三井殿

张文

广济门

涌禹庙

始

溪

本书测绘历史建筑

其他历史建筑资源

东

溪

东

湖

文明门

金庭门

古城墙边界

忠节祠 抱鼓亭

葆心医院旧址

张世杰祠

县府大堂

五世同堂

文林第

书衍堂

新花楼

镇东庙
应台门

孔庙

（慎德楼）
花楼民居

观音堂

环碧门

德陞门

# 壹 县府大堂

　　天台县府大堂位于天台县城区中山东路，为浙江省现存民国衙署建筑的孤例，具有极高的历史价值。

　　据记载，县衙始建于吴永安中期（256—263年），在宋朝大修建了两次，县衙中建有观政堂，观政堂东面建静治堂，观政堂北边建瑞萱堂。明代丽谯楼建两亭，清代县衙更完善，中轴线上主要建筑有大门、鼓楼、仪门、戒石亭、公厅、穿堂、后堂和缸神殿等。公堂为三开间的木结构建筑，为知县议事和审案的场所。民国时期所建的天台县府为近代建筑风格，中轴线上有大门、仪门、大礼堂、综合办公楼等，西边主要有县狱和地方法院，东边主要有警察局和图书馆。

　　内部空间高敞，西式竖向长窗采光良好，整体建筑风格中西合璧。正面为三扇大门，为拱形的石门框，门前有宽敞的檐廊，有四根方形石柱。

　　大堂左右各有小天井，两侧各有厢房，东厢房为会议室，西厢房为金库。

北

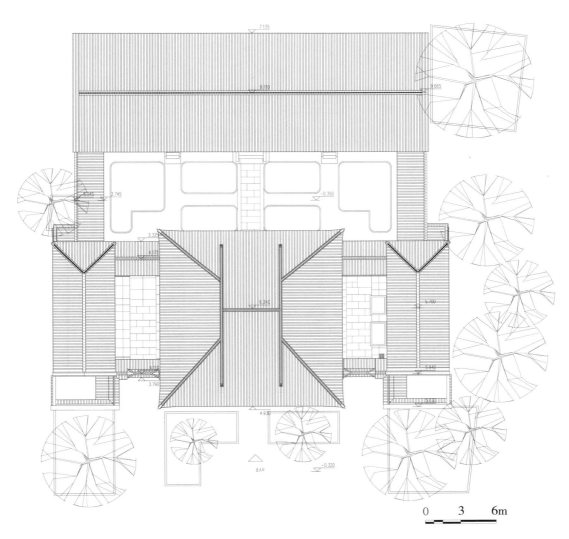

0　　3　　6m

▲　屋顶平面图

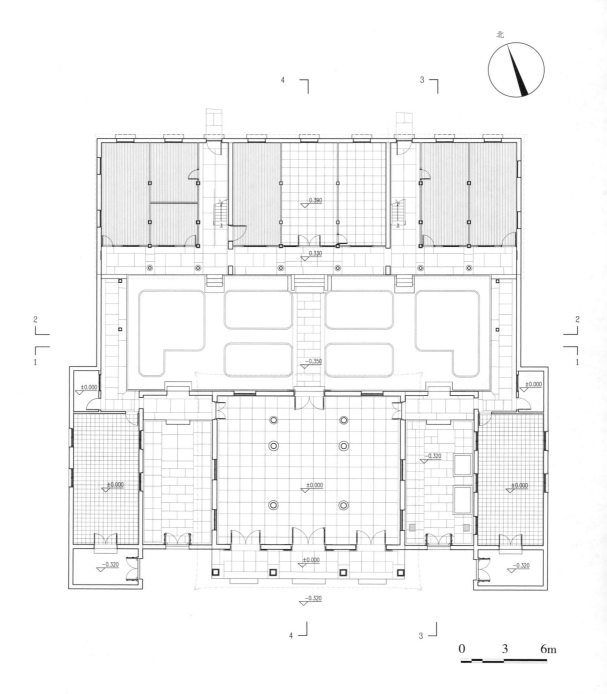

北

0    3    6m

▲ 一层平面图

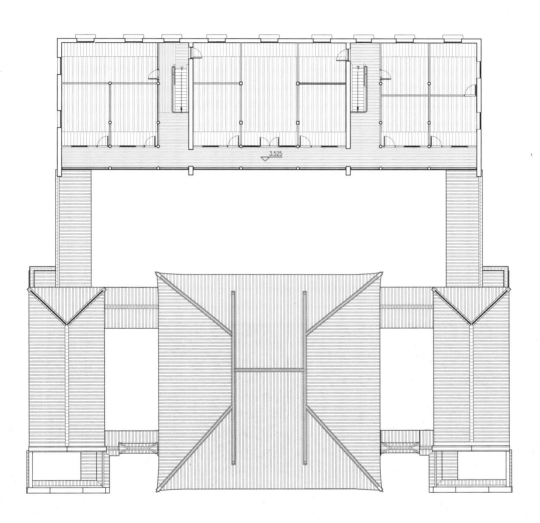

3.525

0    3    6m

▲ 二层平面图

▲ 南立面图

0    1.5    3m

▲ 西立面图

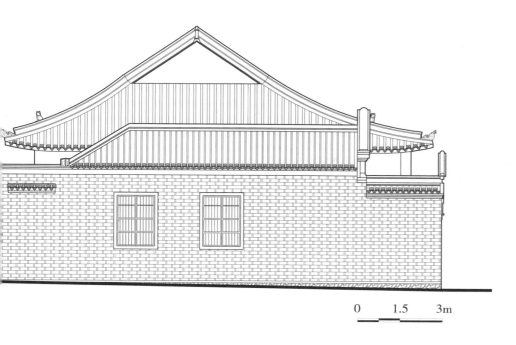

0　　1.5　　3m

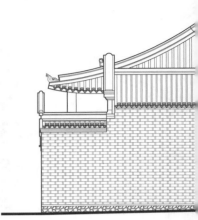

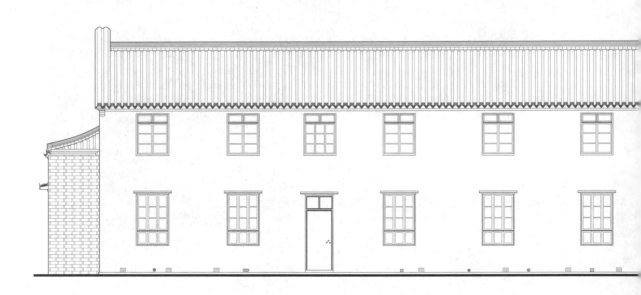

▲ 北立面图

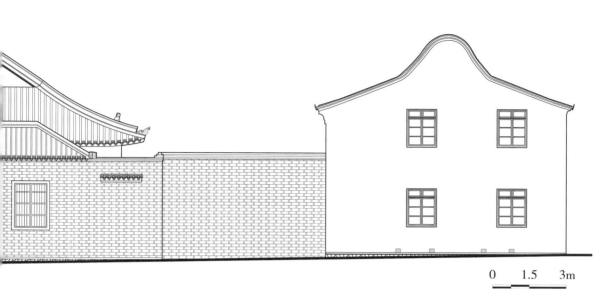

▲ 东立面图

现存县衙建筑仅存大堂、后堂和两厢房。大堂由时任县长张宝琛建造，坐北朝南，面阔三间，进深五间，为单檐歇山顶建筑。

小天井侧边设有边门通往后堂，后堂为二层综合办公楼，为单檐硬山顶建筑。面阔九间，明间壁为中堂，东、西第三间设楼梯，前有檐廊，两侧设单披廊与大堂相接。二楼走廊较为宽敞，二楼东边为县长办公室。

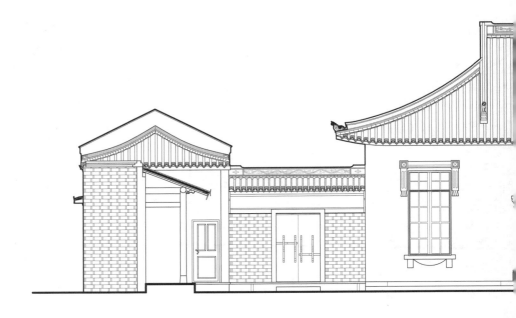

▲ 1-1 剖面图

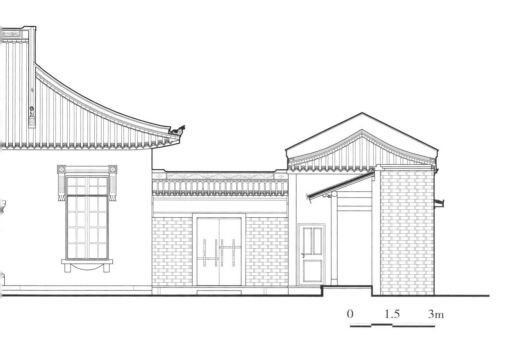

0　　　1.5　　　3m

▲ 2-2 剖面图

0    1.5    3m

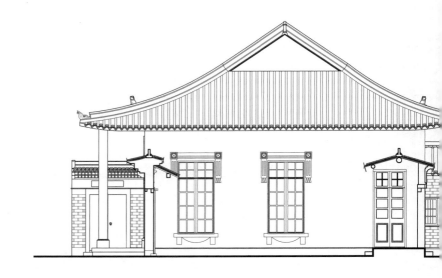

▲ 3-3 剖面图

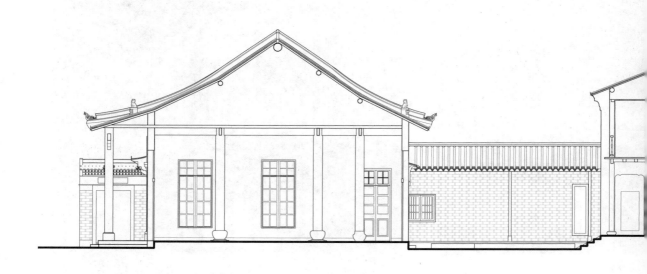

▲ 4-4 剖面图

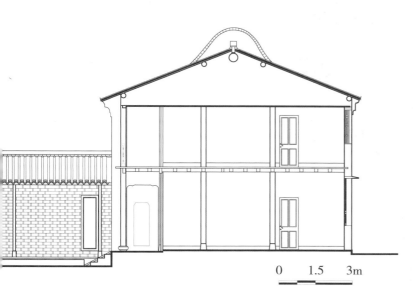

0　　1.5　　3m

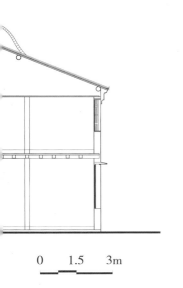

0　　1.5　　3m

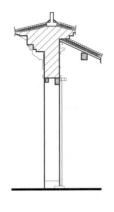

▲ 门头剖面图

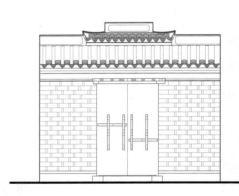

▲ 门头背立面图

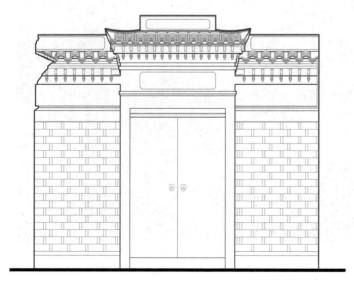

▲ 门头正立面图

▲ 门头平面图

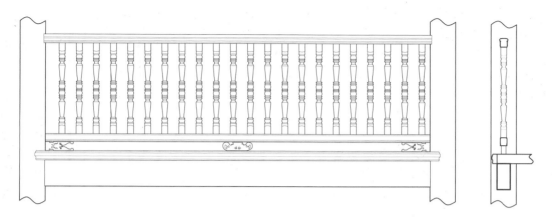

▲ 栏杆大样图

▲ 透风大样图
▼ 透风实物

▼ 柱础大样图

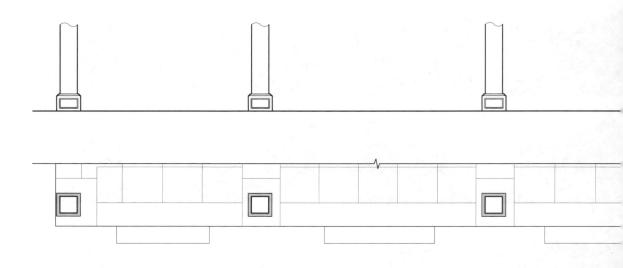

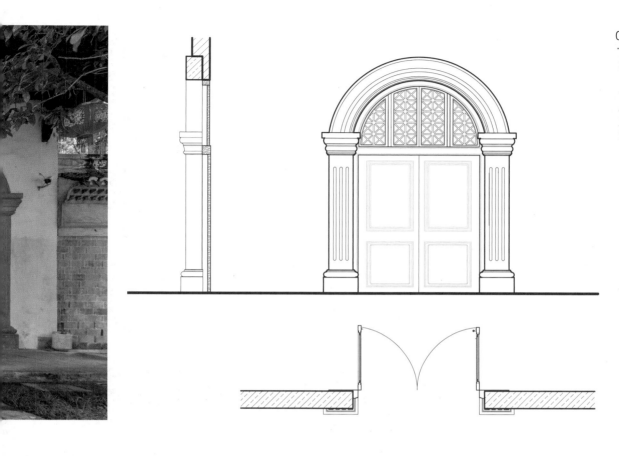

▲ 大门大样图
▼ 柱础实物

# 贰 将军庙

将军庙，位于天台县城区中山西路，为一硬山两坡顶小庙。

宋《嘉定赤城志》载："晋黎护将军刘玄舍宅建寺，名建平。后寺徙他处，寺址为黎护将军庙。"清代重建，有正殿、戏台、厢房等。现仅存正殿和前部院子。

正殿面阔三间，室内明间梁架用五架梁，为圆作月梁形制，前后单步梁、上用猫梁连接柱头。内外柱头和梁底之间都用斗拱衔接。

前部檐廊用单步梁，亦用猫梁连接柱头，廊下有石碑雕刻。檐柱柱头加透雕夔龙雀替，柱础为鼓式和覆盆式相结合。

▲ 正立面图

北

2

1                  1

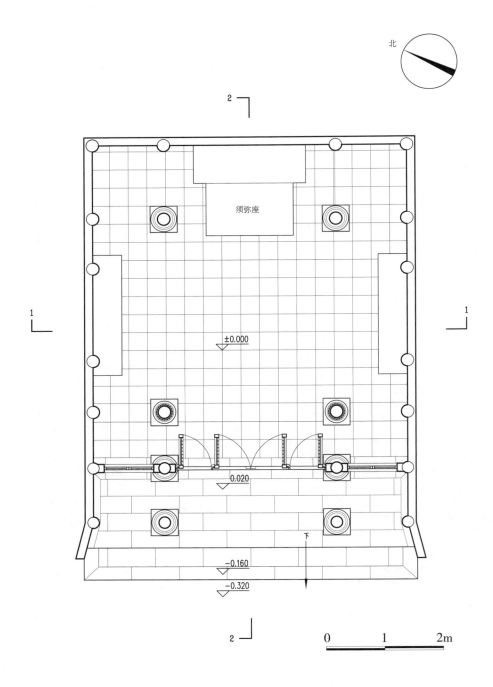

须弥座

±0.000

0.020

下

−0.160

−0.320

2

0      1      2m

▲ 平面图

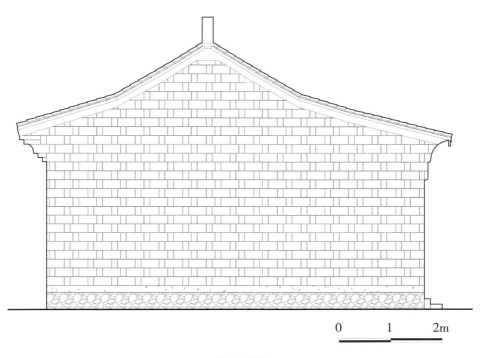

0　　　　1　　　　2m

▲　侧立面图

▲　梁架仰视图

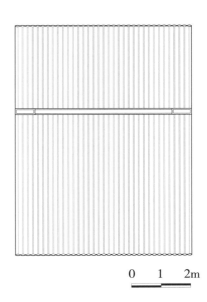

0　　1　　2m

▲　屋顶平面图

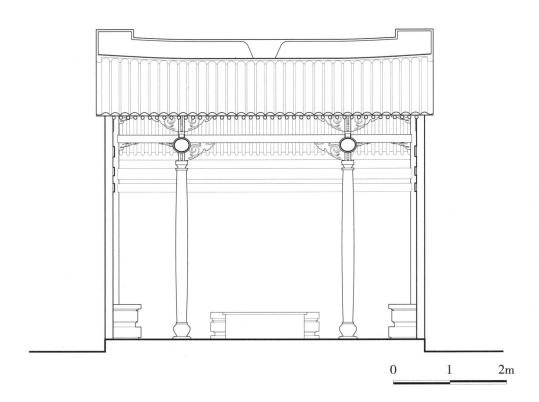

0　　　1　　　2m

▲　1-1 剖面图

▼　2-2 剖面图

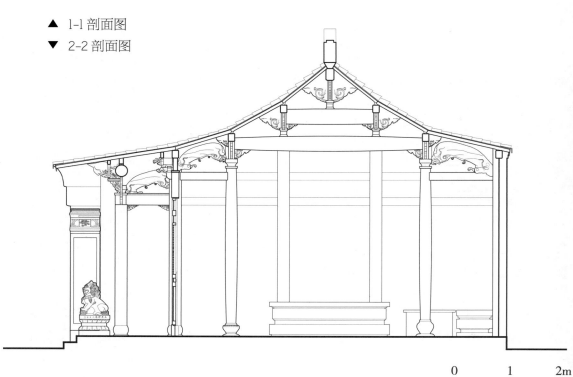

0　　　1　　　2m

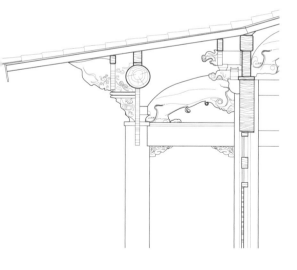

▲ 檐廊大样图及实物

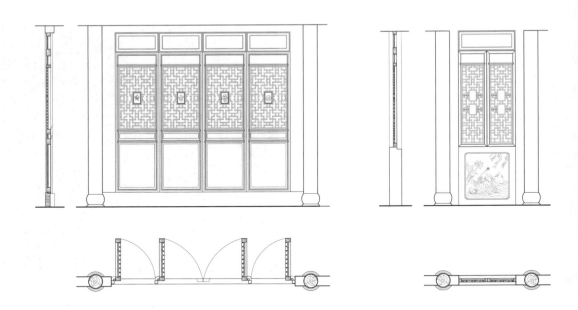

▲ 门窗大样图

▲　狮子侧立面大样图
▼　狮子正立面大样图

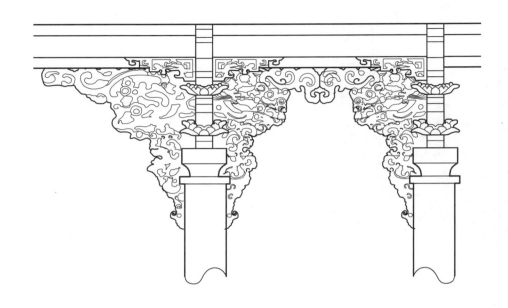

▲ 檐柱柱头大样图

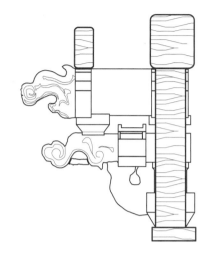

▲ 斗拱侧立面图

▼ 斗拱正立面图

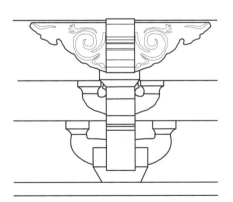

▲ 勾头滴水大样图

▼ 门头雕花大样图

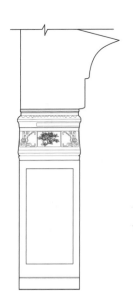

▲ 门头侧墙大样图

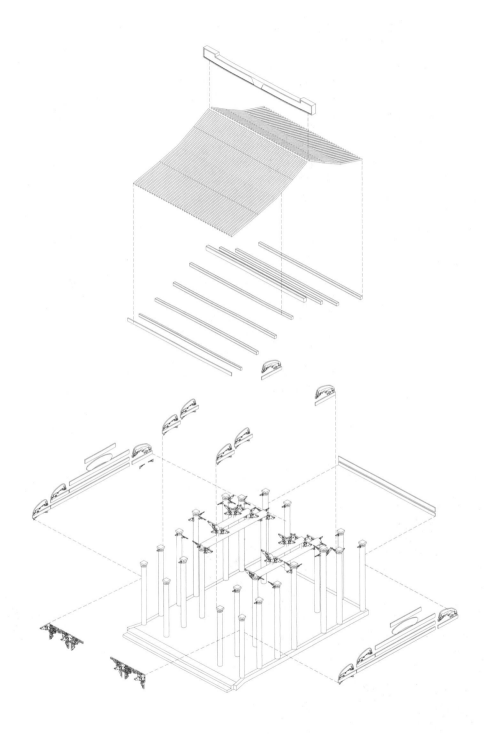

▲ 结构轴测图

# 叁 大司空第

　　大司空第，位于大司空巷中段新华巷六号，是大司空张文郁的故居。张文郁为明工部侍郎，曾受命监修故宫皇极、中极、太极三殿。崇祯元年（1628年）辞官归里，在城关建宅，规模较大，由三进主屋、九个厅堂、三座大院、四条弄堂、外围六至十个小院子组成，有"十八道地"之称，大司空第为其中之一。张文郁及其后人崇尚读书学文，大司空第后来改为书塾，专用于教育培养人才。张文郁后人无仕，家道中落于康熙年间将大司空第转卖给袁氏，所以又称袁氏民居。

　　大司空第尚存前后完整两进院，门头"卧雪遗风"四字出自东汉司徒袁安（字召公）"卧雪清操"的典故。前院为一层窄院，周边一圈檐廊，东、西两侧为厢房。穿过过厅是一个两层的四合院，正屋五间，厢房三间。庭院铺地由黑白色鹅卵石构成蝙蝠等复杂花纹，寓意祝福。

　　正屋结构为抬梁式，过厅明间缝梁架用五架梁，为扁作月梁形制，前后加单步梁上用猫梁连接柱头。檐柱为梭柱，柱头和梁底交界之处用斗拱衔接。正厅二层明间缝梁架用五架梁，一层前后加廊檐。

北

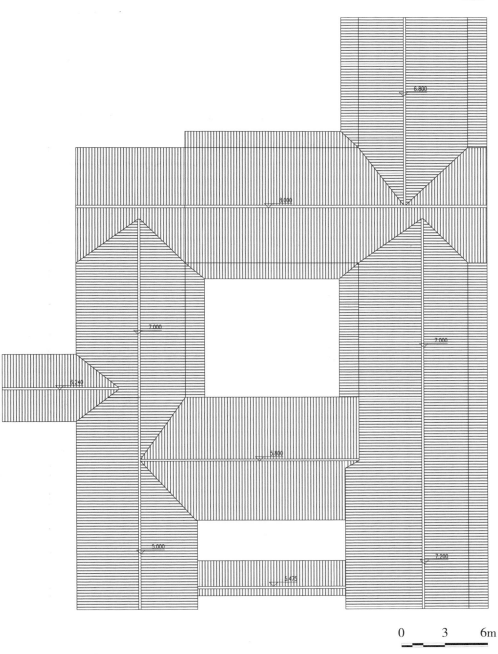

6.800

8.000

7.000

7.000

5.440

5.800

5.000

7.500

5.425

0  3  6m

▲ 屋顶平面图

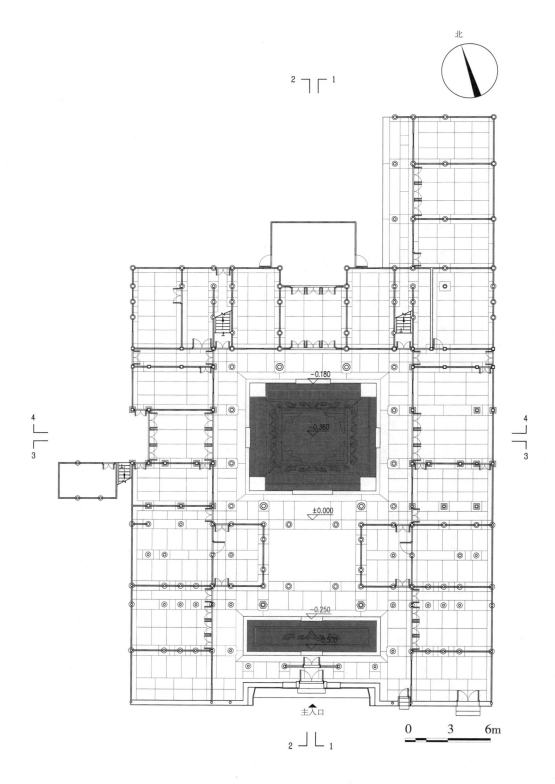

北

2 1

4 4
3 3

−0.180

−0.360

±0.000

−0.250

−0.500

主入口

2 1

0 3 6m

▲ 一层平面图

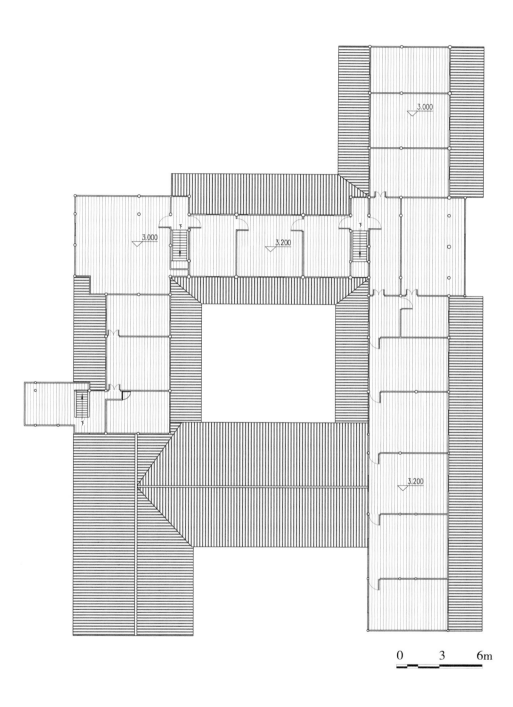

3.000

3.000

3.200

3.200

0　　3　　6m

▲　二层平面图

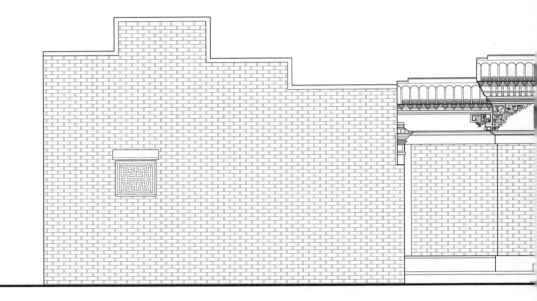

▲ 正立面图

0          1.5          3m

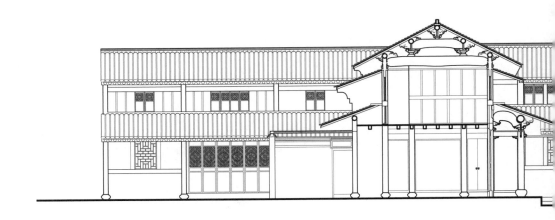

▲ 1-1 剖面图

▼ 2-2 剖面图

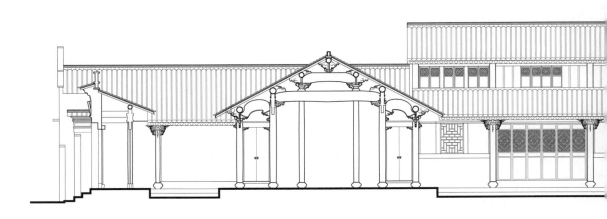

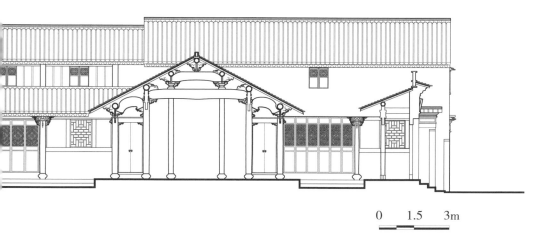

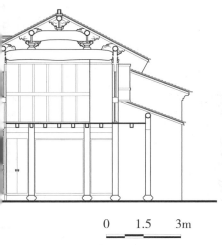

0　　1.5　　3m

0　　1.5　　3m

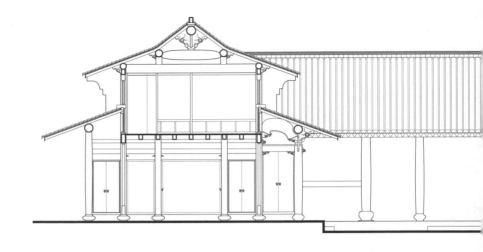

▲ 3-3 剖面图

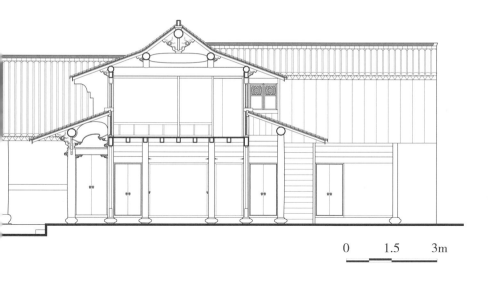

0   1.5   3m

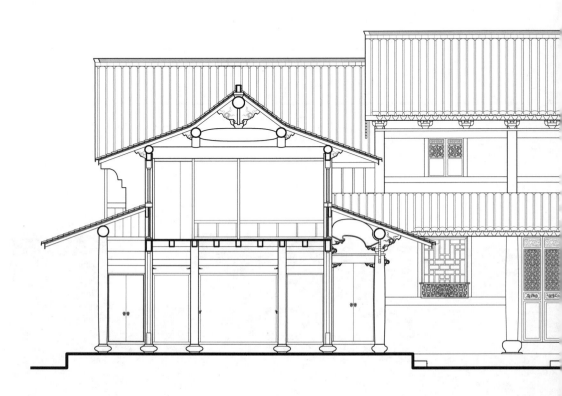

▲ 4-4 剖面图

0 1.5 3m

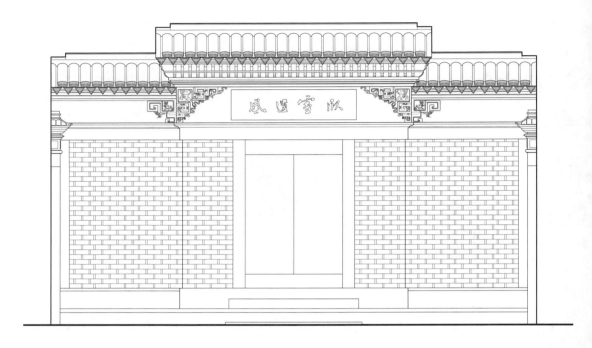

▲ 门头正立面图
▼ 门头平面图

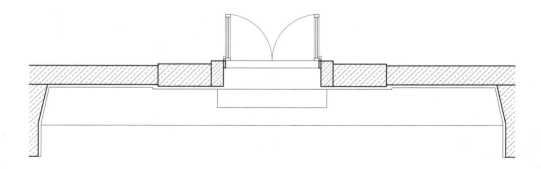

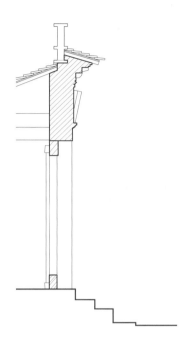

▲ 勾头滴水大样图

◀ 门头剖面图

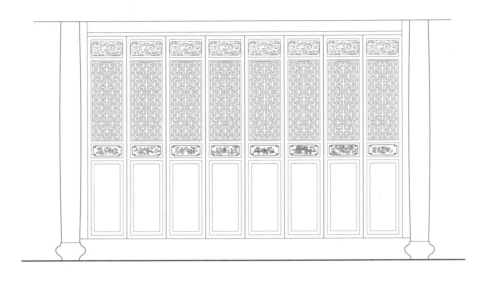

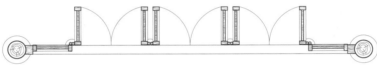

▲ 正房一层门扇大样图

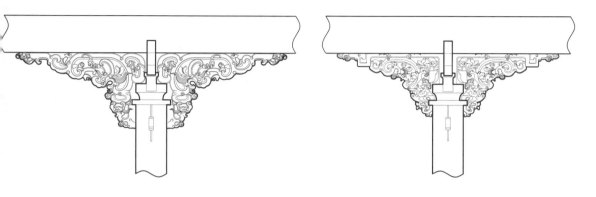

▲ 牛腿大样图
▼ 牛腿实物

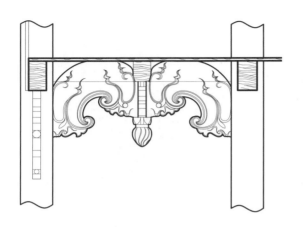

▲ 牛腿大样图
▼ 檐廊大样图

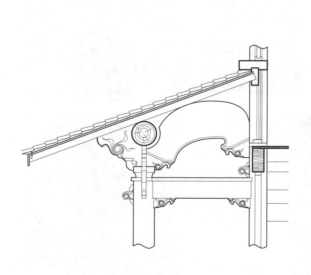

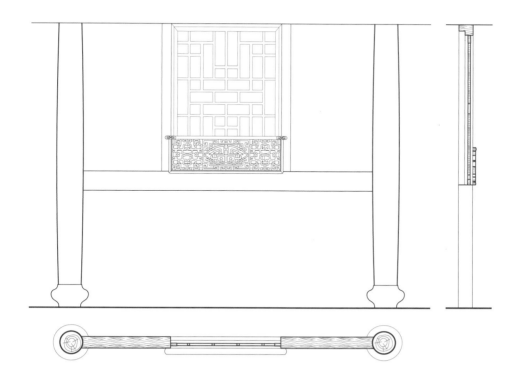

▲ 正房一层窗扇大样图

▼ 窗扇实物

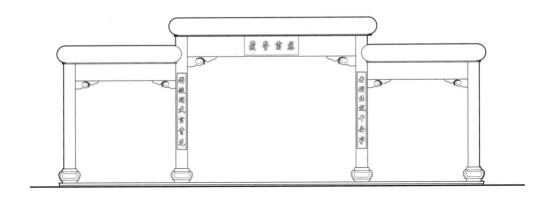

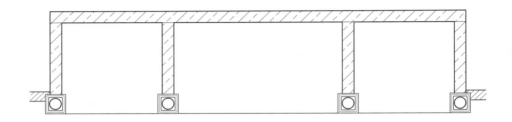

▲ 神龛大样图

▲ 柱础大样图

▼ 柱础实物

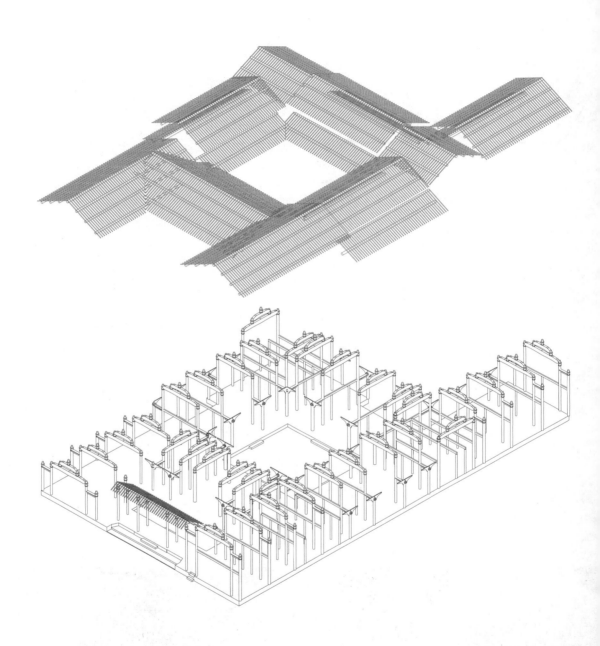

▲ 结构轴测图 01

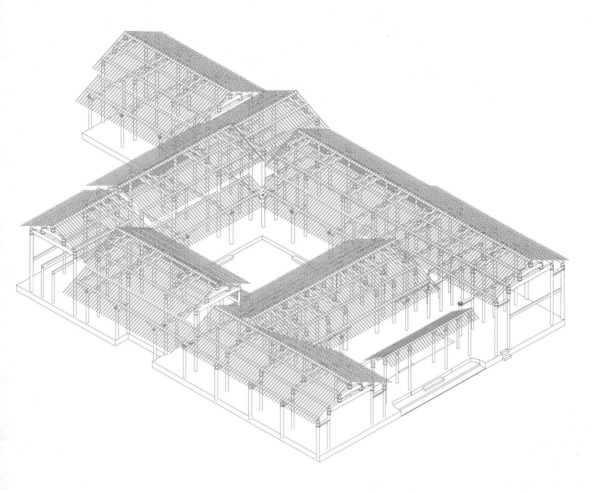

▲ 结构轴测图 02

# 肆 度予亭 养真堂

　　度予亭位于文明巷和杏庄巷中间，与华光庙相邻，是张文郁住宅的一部分。张文郁晚年辞官归里，在城关建宅，度予亭是其旧居的精华所在。

　　度予亭为其书房，"系高高祖太素公致仕后游憩之所也。栽花垒石，豢鱼饲鹤，往来宾客作诗、论文于其中。有花树、池沼、岩石，前映书窗，四方士友，至台必访。

　　更为重要的一点是，张侍郎曾经监修故宫皇极、中极、太极三殿，晚年用毕生才学将皇家建筑和苏杭园林等特点巧妙结合，所建的私家宅院绝对是上品中的上品。花厅院落以度予亭为主体，其歇山顶造型轻灵，前有小桥、水池、立石和桂树等，环境幽雅，闲适怡人，是一处规模小而五脏俱全的精美园林化庭院。

　　度予，犹自省也，度予亭体现了张文郁的高风亮节。辞归故里后，张文郁仍心系南明政权，参与抗清。史料记载，他与张国维等人谋奉当时驻在台州的鲁王监国，并移至绍兴。后因战事失利，鲁王逃到天台，在度予亭住了两个晚上，张文郁建议其渡海入闽。在溃兵驻扎天台期间，张文郁毁家纾难，保全乡里，至今传为佳话。顺治七年（1650）退隐，仍坚守民族气节，终身不仕。

北

新建

新建

新建

新建

华光巷

新建

◁主入口

小花园

小花园

新建

新建

新建

0  3  6m

▲ 总平面图

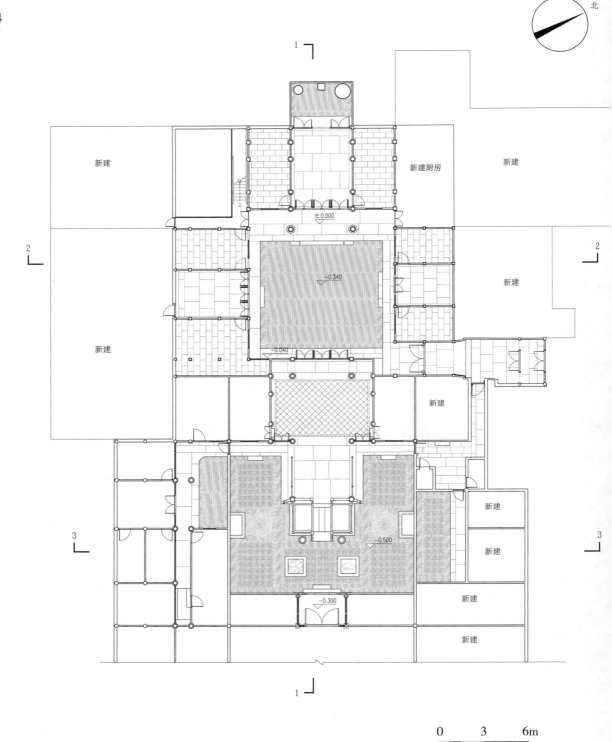

北

新建

新建

新建厨房

新建

新建

±0.000

−0.340

−0.040

新建

新建

新建

−0.500

新建

−0.300

新建

0    3    6m

▲ 一层平面图

新建

新建

新建

新建

新建

新建

新建

小花园

小花园

3.160

3.160

下

0　　3　　　6m

▲ 二层平面图

▲ 3-3 剖面图

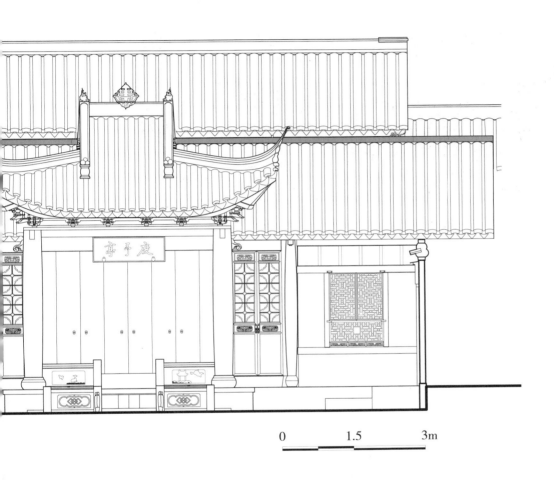

0    1.5    3m

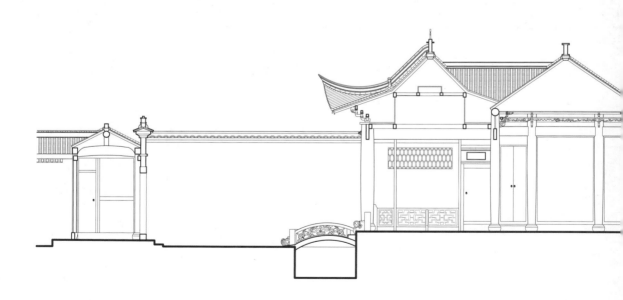

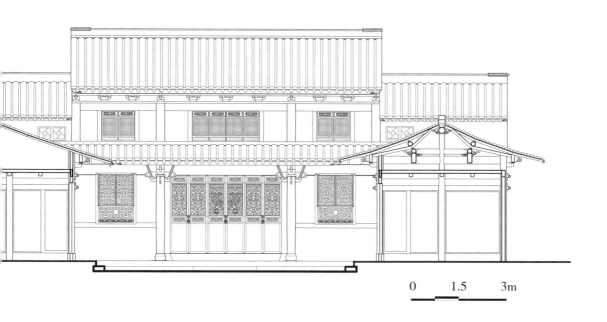

▲ 2-2 剖面图
▼ 1-1 剖面图

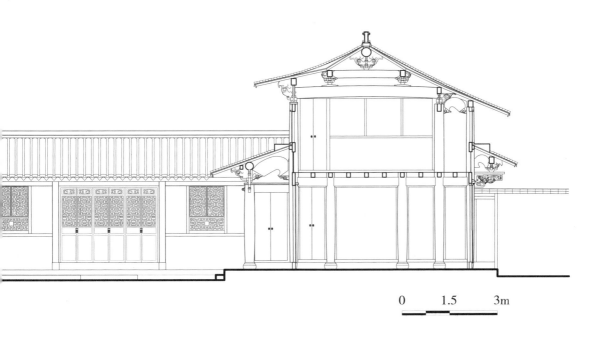

▲ 度予亭正立面

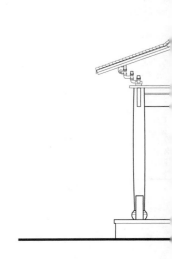

▲ 度予亭剖面图

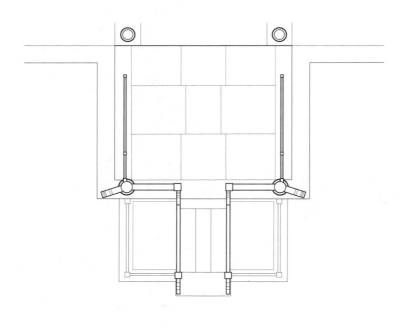

▲ 度予亭平面图

　　为了处处体现诗情画意，所有构件制作颇为讲究，度予亭前月洞门用六块弧形条石相接而成，底部有云浪花纹，整个月洞门圆形饱满，分割有序，古朴典雅，起到了良好的框景效果。石桥、水池栏板石刻也极富艺术价值，特别是石桥，采用镂空刻法，线条流畅有力。

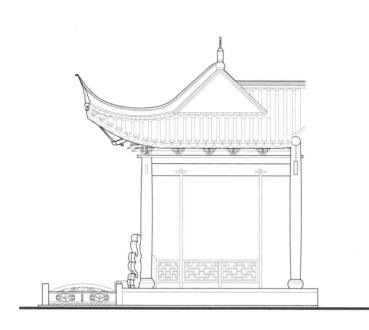

▲ 度予亭侧立面

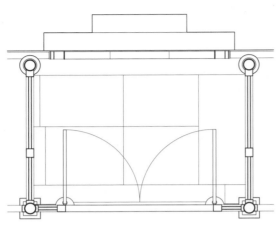

▲ 月洞门平面图　　　　　　　　　　　　　　　▲ 月洞门立面图

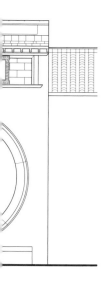
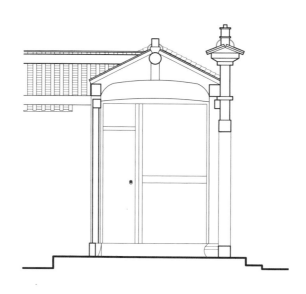

▲ 月洞门剖面图

　　文人对闲情雅致生活的热爱体现在建筑的匾额题字上：如花厅院落二门上的"望重三台"木匾、度予亭内"龙章凤采"匾、亭柱上之对联"假山真石垒，新草旧根生"、月洞门上"丹柱擎天"石匾等。

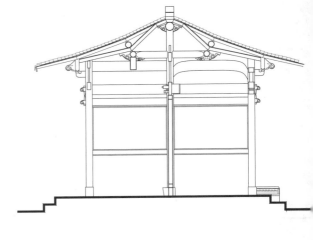

▲ 二进门立面图
▼ 二进门平面图

▲ 二进门剖面图

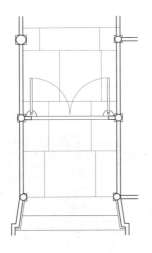

▲ 勾头滴水大样图

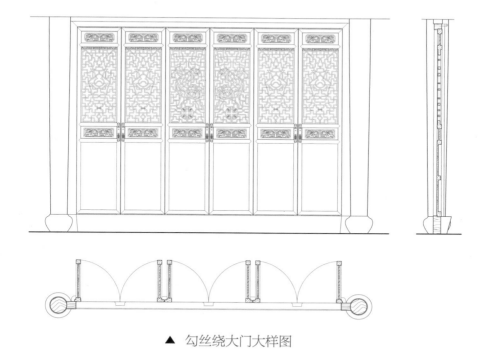

▲ 勾丝绕大门大样图

# 伍 乌门楼许

乌门楼许位于中山西路118号（古永清街），始建于南宋嘉定十年（1217年），为许氏初祖许仁择居之所，后来周边一带发展成天台坡街许氏世代聚居之处。"乌门楼许"典故出自银山祖坟的"乌牌门"牌坊：1214年，许容为其父坟前建造牌坊，牌坊建成时千余只孝乌（乌鸦）聚集于坊前，众人认为这是孝心所致。后来将许氏宅院称为"乌门楼"，加上了"许"姓，就成了"乌门楼许"。后来明崇祯十五年（1642年），坡街许氏十九世祖许鸣远在淮安河务同知任上辞官归里，重建"乌门楼许"。

此地原为坡山，庭院逐进抬升。台门之后为原轿厅所在的小院。二门门头为造型美观的砖砌叠涩门头，门楣上有"乌门楼许"字样。穿过二门和过厅为主体院子。

主院呈现明显的围合性，四四方方，左右对称，庭院内用乌卵石铺成蝙蝠、梅花、鹿、寿桃等图案，寓意"福禄寿"齐全。

主体结构为一层抬梁式，下用两层穿枋连接，上用猫梁连接。过厅明间缝梁架用三架梁，前后加两进单步梁；正屋明间缝梁架用三架梁，前后加三进单步梁；三架梁为扁作月梁形制。两侧厢房为二层。

檐柱为梭柱，柱头斗拱用撑拱，其下一个柱础较为独特，爪形覆盆上为高浮雕植物图案。

北

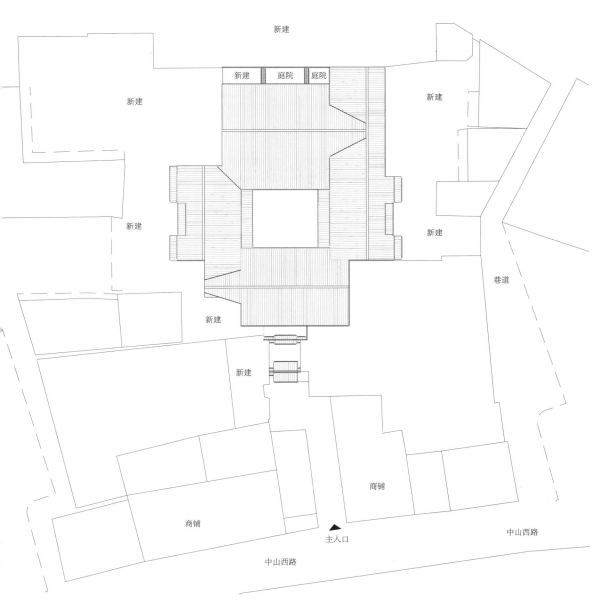

新建

新建

新建　庭院　庭院

新建

新建

新建

巷道

新建

新建

商铺

商铺

主入口

中山西路

中山西路

0　3　6m

▲ 总平面图

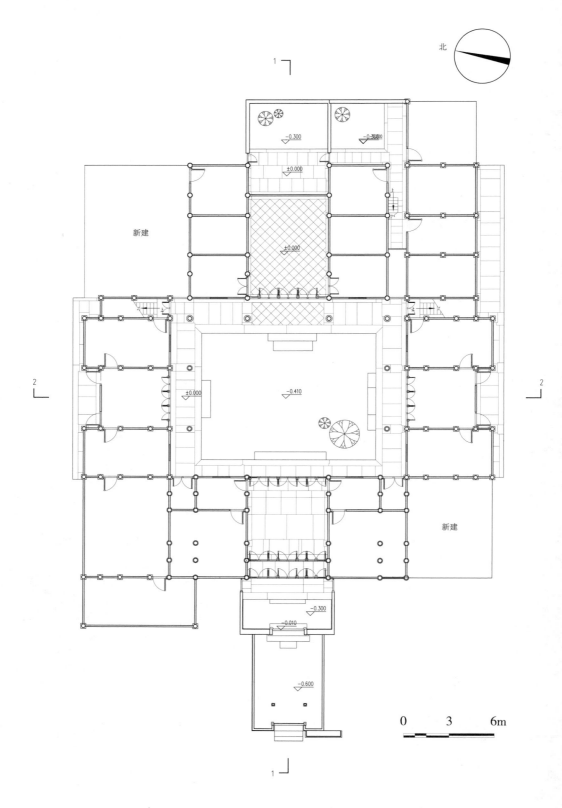

北

新建

新建

$\nabla$ -0.300

$\nabla$ -0.300

$\nabla$ ±0.000

$\nabla$ ±0.000

$\nabla$ ±0.000

$\nabla$ -0.410

$\nabla$ -0.300

$\nabla$ -0.010

$\nabla$ -0.600

0    3    6m

▲ 一层平面图

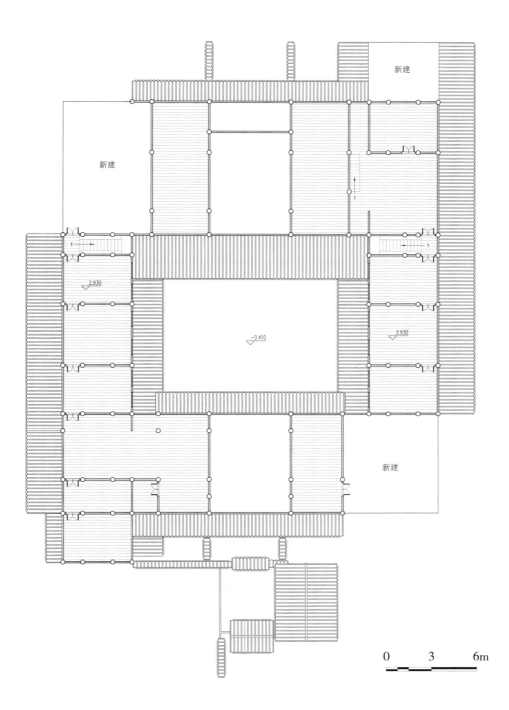

新建

新建

新建

新建

2.930

2.930

-0.410

0　　　3　　　6m

▲ 二层平面图

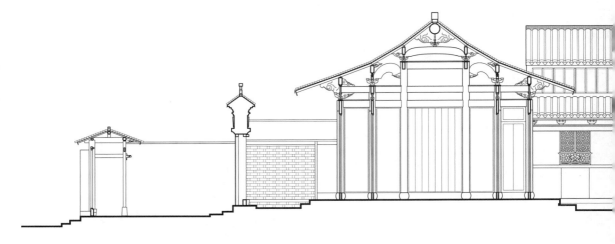

▲ 1-1 剖面图

▼ 2-2 剖面图

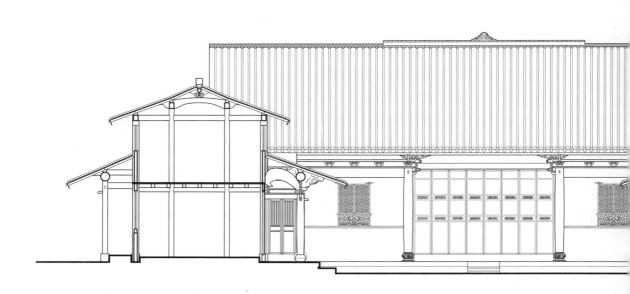

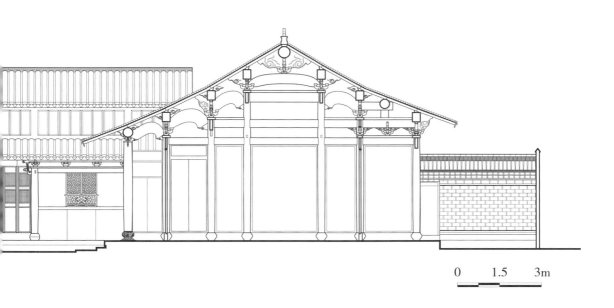

0    1.5    3m

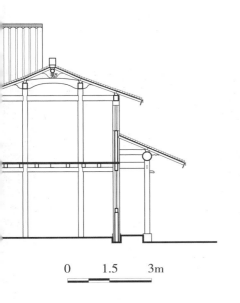

0    1.5    3m

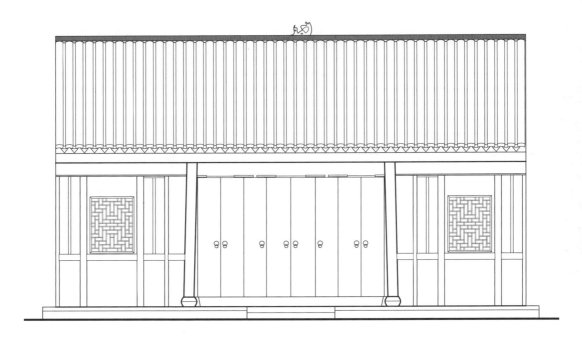

▲ 厅堂立面图

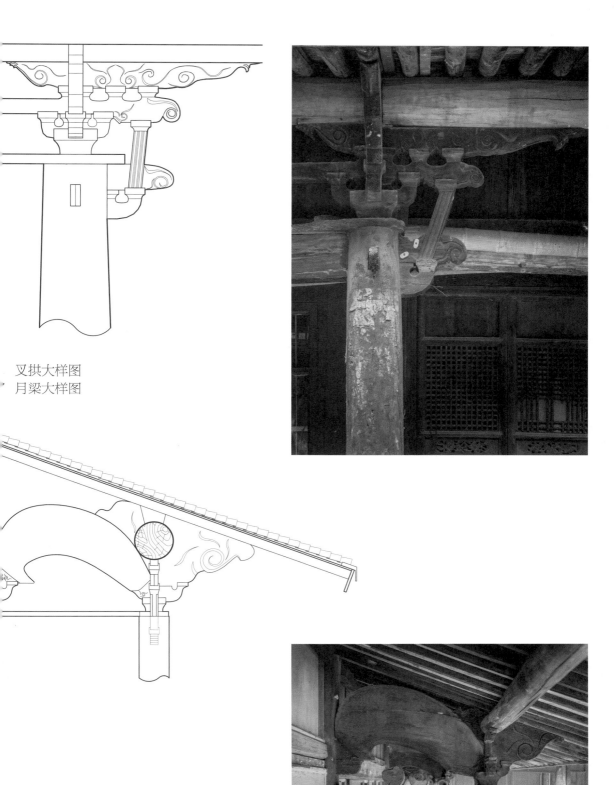

叉拱大样图
月梁大样图

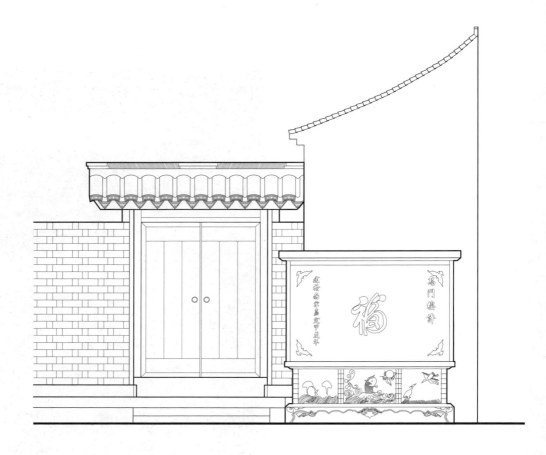

▲ 一进门立面图

　　庭院坐北朝南。大门与永清街之间有两个转折，曲径通幽，正对入口小巷的是台门两侧照壁中的一个，照壁古色古香，上有"福"字及建楼年份，四角饰蝙蝠花纹。基部石刻浮雕三幅，为飞鹤及鲤鱼跃波图。

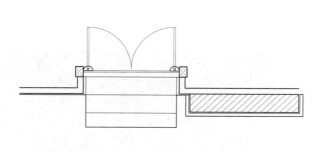

▲ 一进门平面图

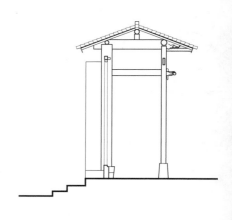

▲ 一进门剖面图

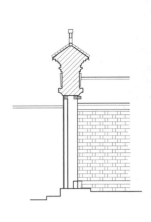

▲ 二进门剖面图

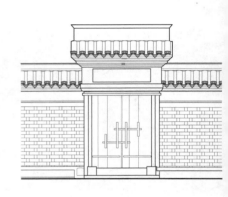

▲ 二进门背立面图

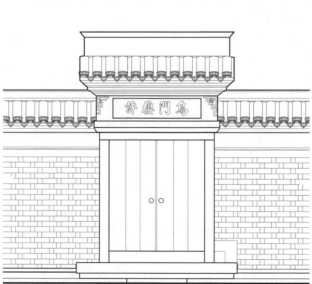

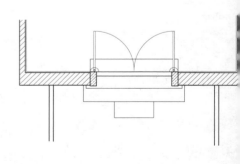

▲ 二进门正立面图

▲ 二进门平面图

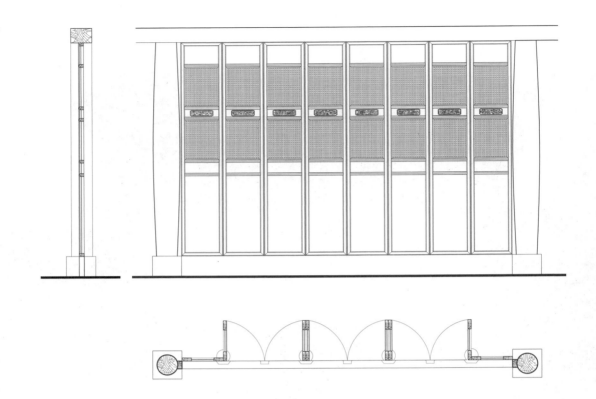

▲ 东西厢房门大样图

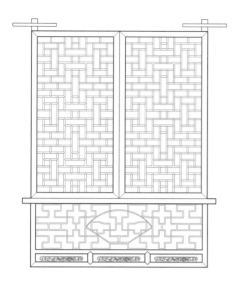

▲ 正堂窗大样图
▼ 正堂窗雕花

▶ 柱础大样图
▼ 前堂窗大样图

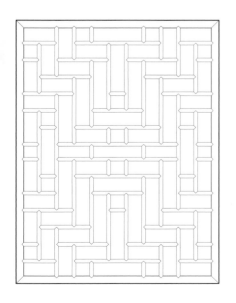

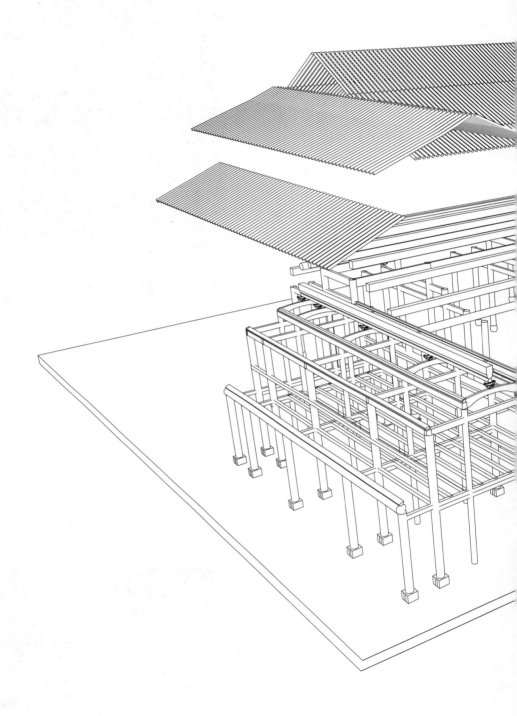

▲ 结构轴测图

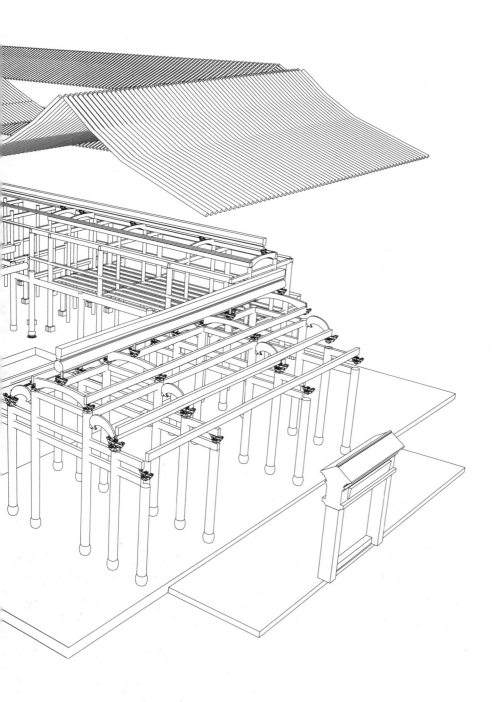

# 陆　书衍堂

书衍堂位于妙山顶西北角，坐北朝南，平面为四合院，为邱氏所建。

建筑式样为民国式中西合璧二层楼房，内部为回字形平面，庭院周边为房间，房间通过回字形栏杆走廊连接。建筑由前厅、正房、东西厢房及天井组成，建筑为木结构，外部围护结构为砖石结构。

正房面阔五间，进深三间；左右两侧厢房面阔四间，进深三间；倒座面阔五间，进深一间。大门设在东侧次间。

门额上匾曰"书塘衍义"。房前有池塘名"书衍塘"及大树，池塘里面有鲤鱼、乌龟等寓意吉祥的动物，既有趣味性，又体现了屋主深厚的文学修养。二楼窗花、牛腿、雀替和木栏杆上都有传统雕刻图案，一楼正房及两厢堂屋石板窗槛墙上雕刻了传统花草图案，具有一定的艺术价值。

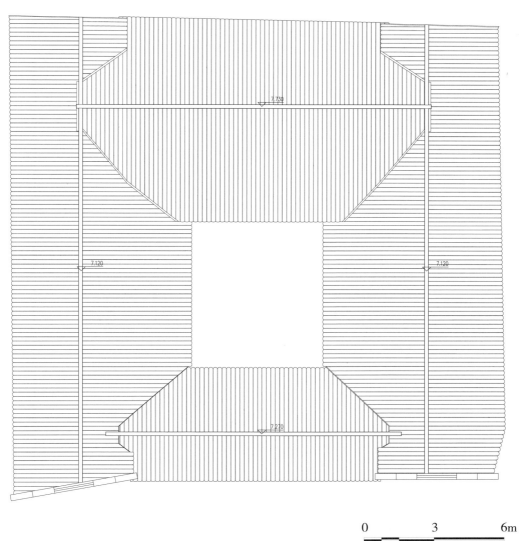

0　　　3　　　6m

▲　屋顶平面图

北

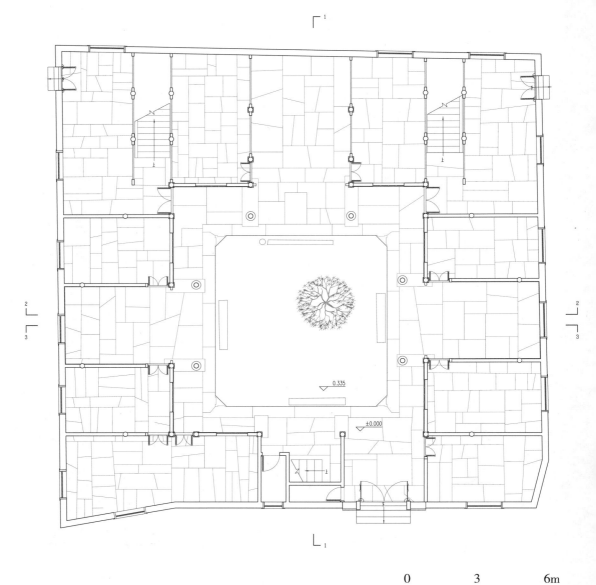

0.335

±0.000

0    3    6m

▲ 一层平面图

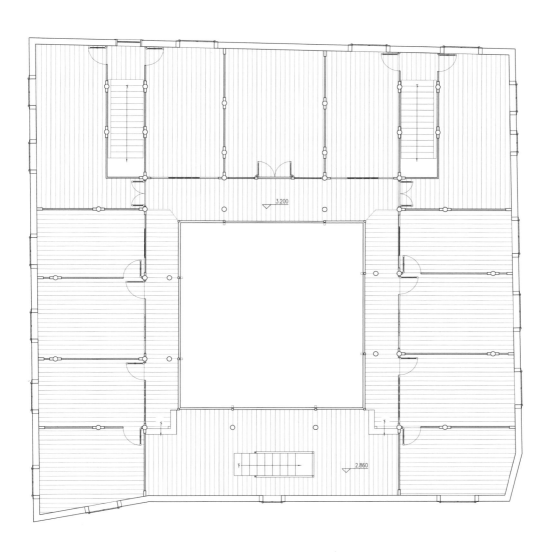

3.200

2.860

0    3    6m

▲ 二层平面图

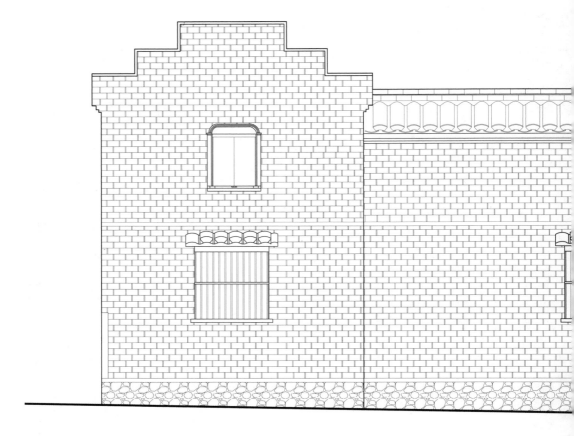

▲ 南立面图

0    1.5    3m

▲ 西立面图

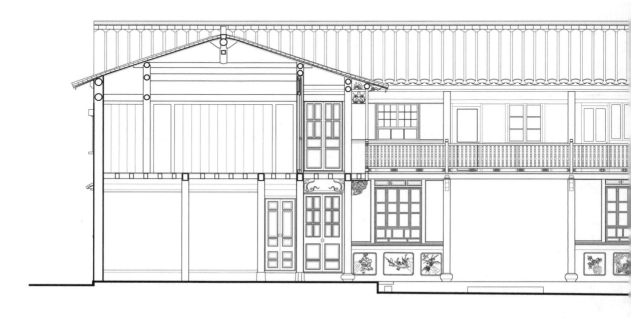

▲ 1-1 剖面图

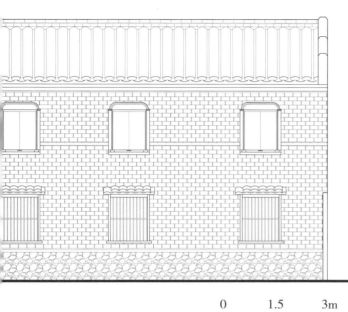

0　　　1.5　　　3m

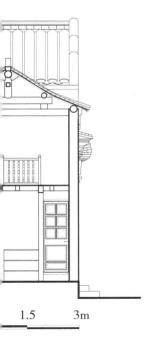

1.5　　3m

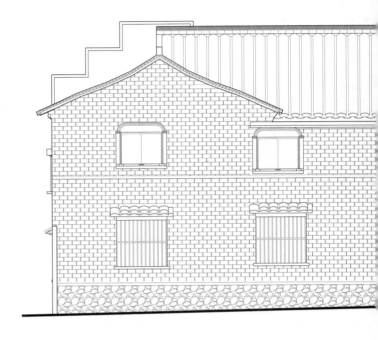

▲ 北立面图

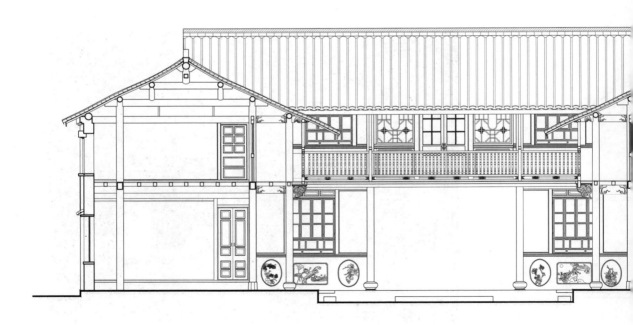

▲ 2-2 剖面图

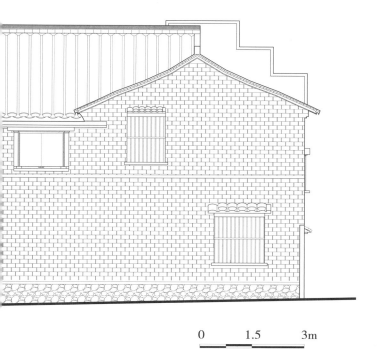

0　　　1.5　　　3m

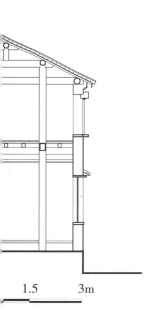

1.5　　3m

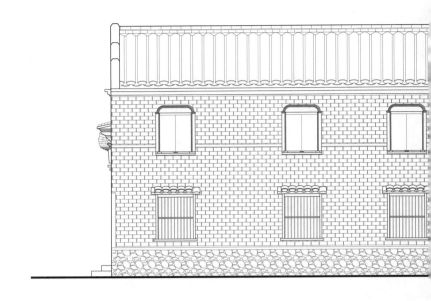

▲ 东立面图

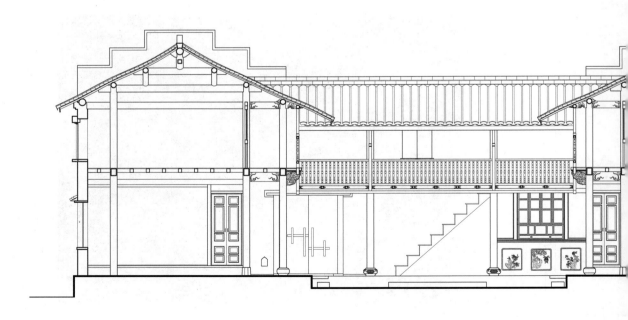

▲ 3-3剖面图

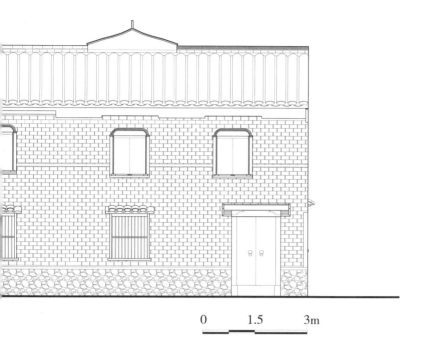

0    1.5    3m

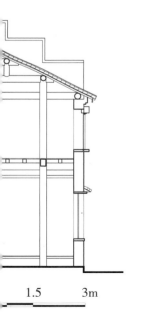

1.5    3m

▲ 南面石板大样图

▲ 北面石板大样图

▲ 西面石板大样图

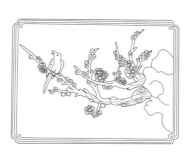

▲　东面石板大样图

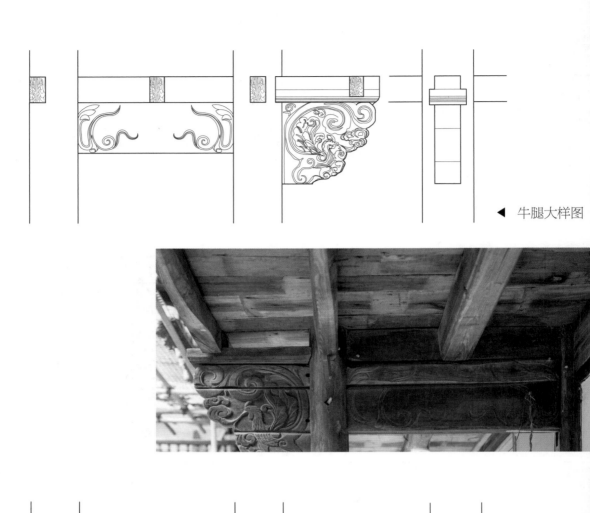

◀ 牛腿大样图

◀ 牛腿大样图

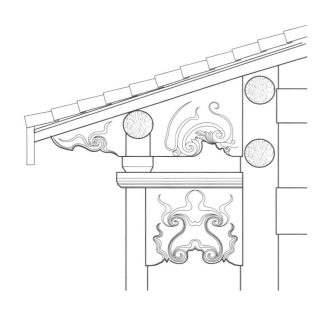
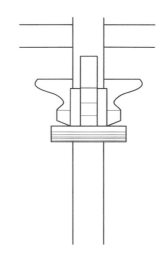

▲　牛腿大样图

▼　牛腿大样实物

▲ 门头正立面图

▲ 门头剖面图

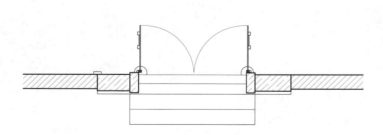

▲ 门头平面图

▲　二楼正屋门正立面图

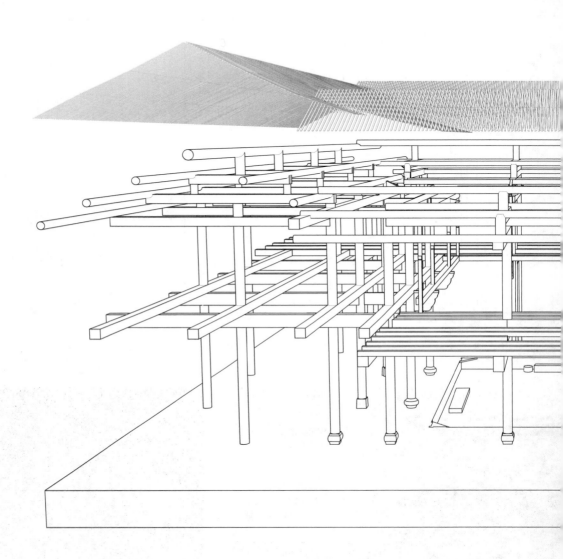

▲ 结构轴测图

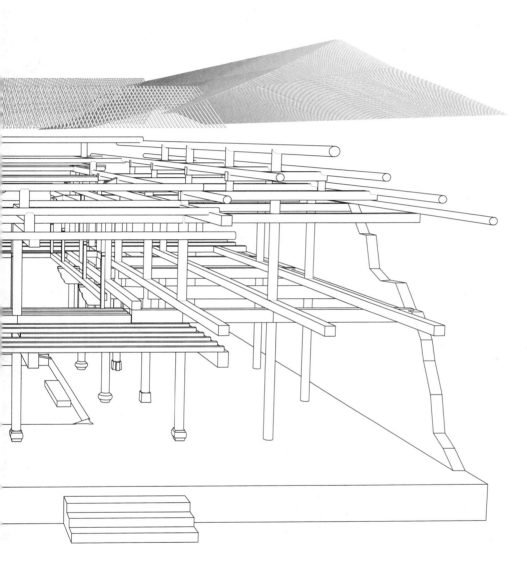

# 柒 五世同堂

　　"五世同堂"位于天台县城区蓝田塘路，属于"四方塘路古民居建筑群"的一部分。四方塘路古民居建筑群位于城关四方塘路和五关里巷交叉处，系贾似道外婆故居遗地。这里每个群落紧相毗连，有的还曲径相通。"五世同堂"位于高门头民居南侧，仅一墙之隔。

　　"五世同堂"建筑布局独特，坐北朝南，入口位于西侧沿街角部。内有大院一个，四围小院六个，风格质朴，大中堂后院照墙饰有水磨砖雕，上嵌"太和翔合"匾。院落的东边还有一个小院，有一条小弄与主院相连，当年是主人的书房。

　　倒座房为一层，明间缝梁架用五架梁。正屋和两厢都为二层，二层明间缝梁架用五架梁，一层前后加廊檐。檐柱为梭柱，柱头斗拱较为独特，三面用撑拱，造型优美

北

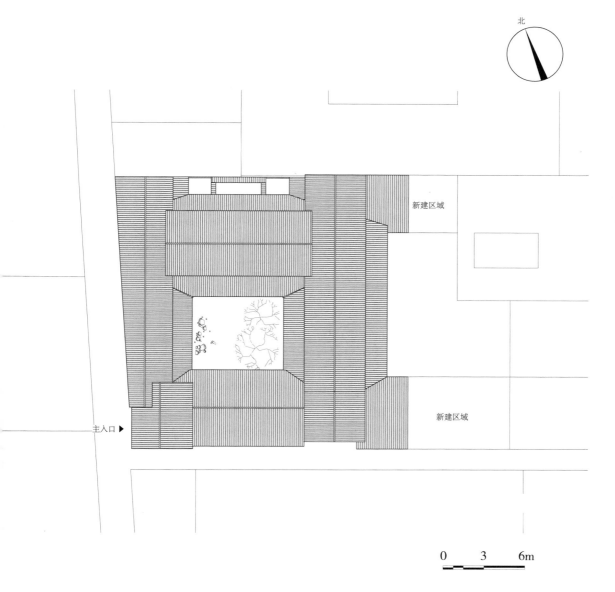

新建区域

新建区域

主入口 ▶

0     3     6m

▲ 总平面图

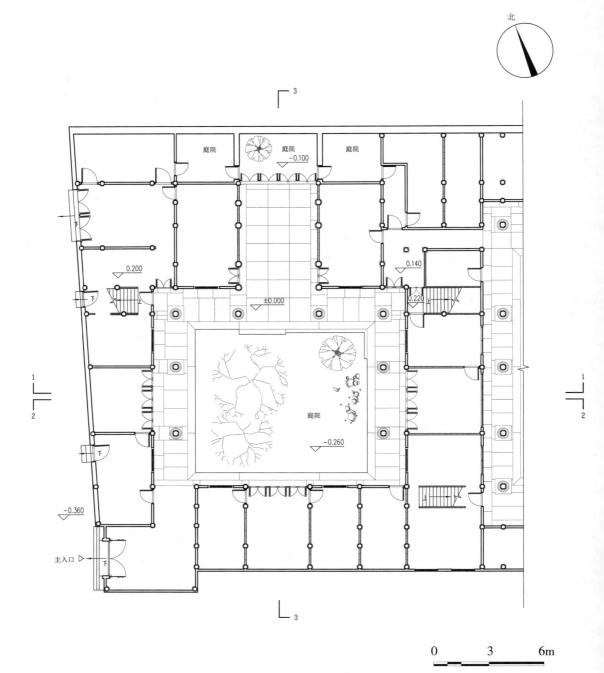

北

庭院
庭院
-0.100
庭院

0.200

±0.000

0.140

0.220

庭院

-0.260

-0.360

主入口

0    3    6m

▲ 一层平面图

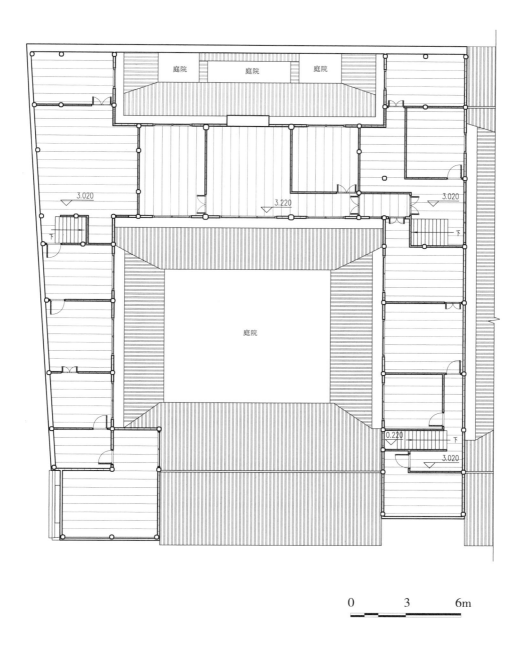

庭院　庭院　庭院

3.020

3.220

3.020

庭院

3.020

0.220

下

下

下

0　3　6m

▲ 二层平面图

▲ 西立面图

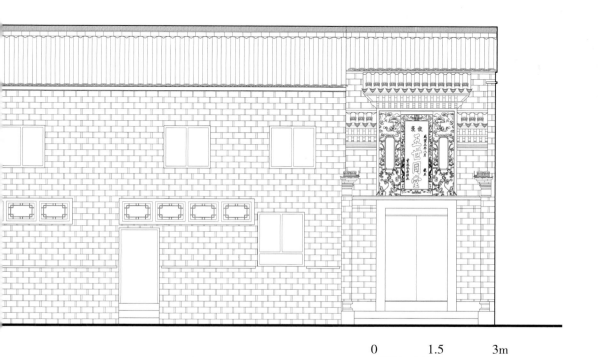

0　　　　1.5　　　　3m

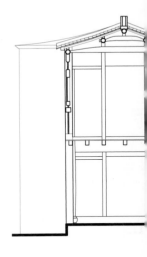

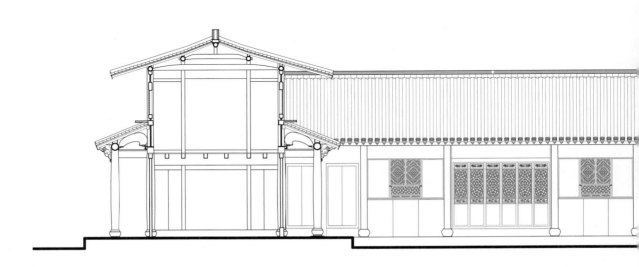

▲ 2-2 剖面图

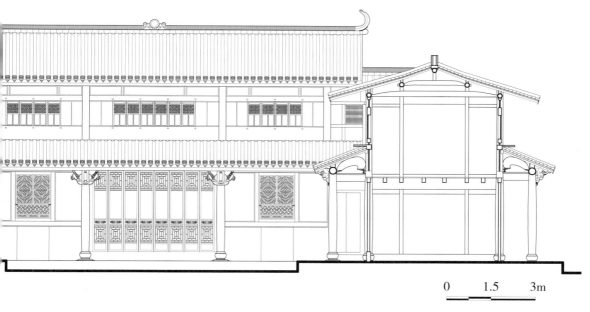

▲　1-1 剖面图

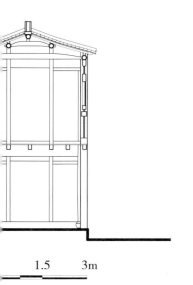

1.5　　　3m

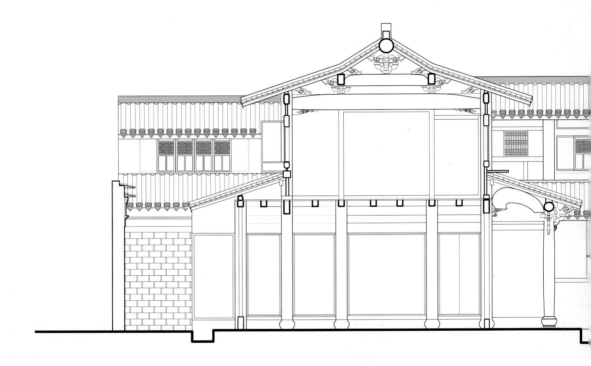

▲ 3-3 剖面图

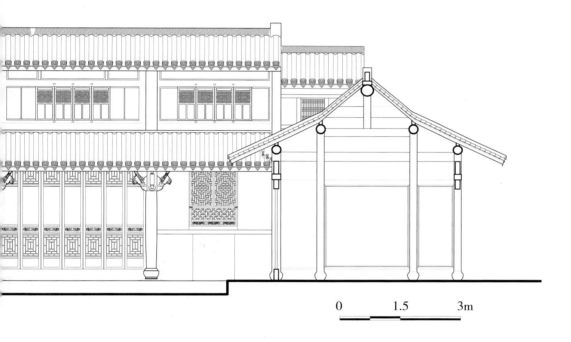

0    1.5    3m

五世同堂

纳福呈祥

纳福呈祥心想事成山振兴

招财进宝时来运转家昌盛

五世同堂

五世同堂堂

福

天台县重点文物保护单位

朱氏《五世同堂》民居

（清代）

天台县人民政府

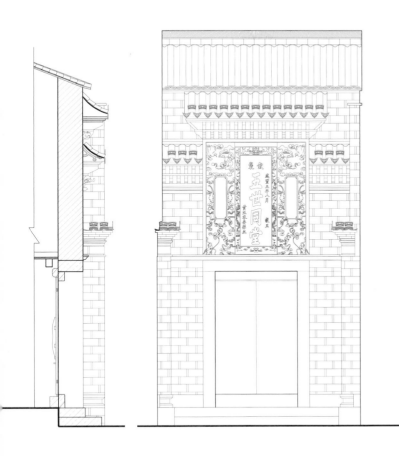

"五世同堂"民居因其台门上嵌有"五世同堂"匾额而得名。清嘉庆年间，身为贡生的宅主朱安邦一门因五代同堂不分家而得到清咸丰皇帝的钦准嘉奖，故门额上有"咸丰三年吉旦，钦褒五世同堂，贡生朱安邦立"字样。

▲ 门头大样图

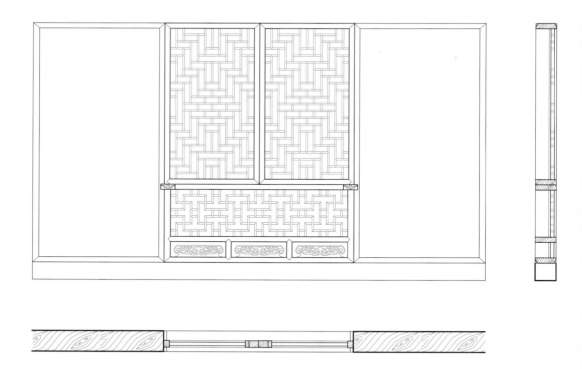

▲ 窗大样图

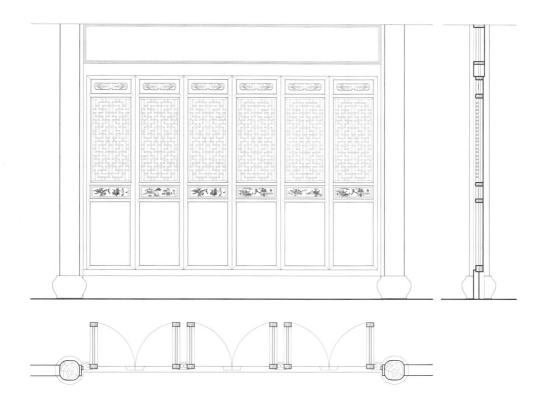

▲ 门大样图

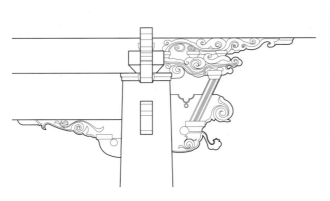

▲ 叉拱大样图

▼ 月梁大样图

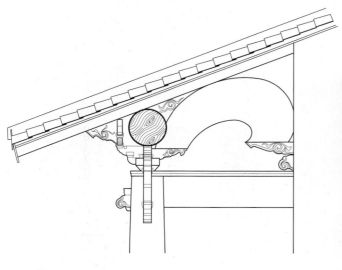

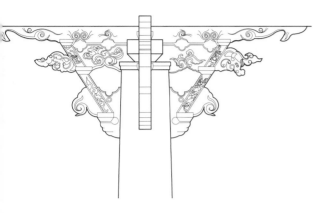

▲　叉拱大样图

▼　月梁大样图

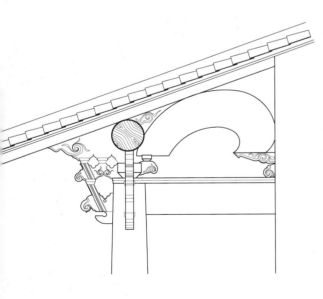

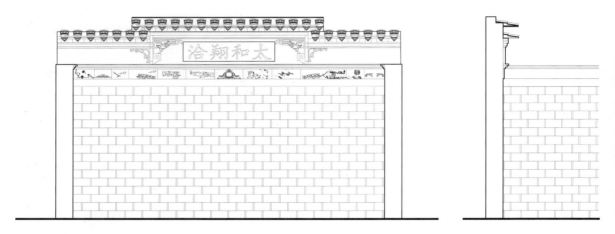

▲ 庭院照壁大样图

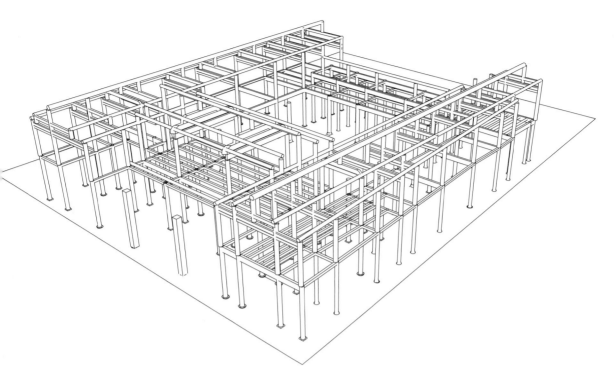

▲　结构轴测图

# 捌 慎德楼

　　花楼民居群在城关镇中山东路，妙山南麓。妙山为天台古城东边的小山，和原西□边坡山相对。妙山上昔有佑圣观，宋代米芾称之为第一山，清天台文人齐召南将"妙□山眺雪"列为天台小十景之一。清康熙年间，陈体斋在此建宅，"乐着德之华也"，称"花楼"。陈氏后来发展成望族，至清代中后期，其后代在原址重建多处独立的四□合院民居，皆统称"花楼"。民居多依山而建，现存花楼民居群包括亚魁第、进士第□新花楼等，包括十三个四合院，四十多个小院，数百间房子。

　　慎德楼门后为一天井，进门右转穿越西厢房为庭院中轴线，东厢房东侧为东门和□小天井，庭院南侧原为倒座。

　　前院和大院之间由位于台地之上的清水砖墙隔开，墙垣顶部做披檐，向中央层层□升起。厢房局部抬高，衔接上下庭院，作储物之用。

　　大院正屋五间两层，厢房三间单层，中央为鹅卵石铺砌庭院，图案已残缺不全。

　　正屋正中二层正厅高于两次耳房，面阔三间，明间略宽，地砖斜铺，两旁次间□□对称设有直通二层的木梯。正屋明间二层缝梁架用五架梁，后加单步梁；厢房明间缝□梁架用三架梁，前后加单步梁；三面檐廊环绕，檐柱为梭柱，上为斗拱雀替，下为覆□盆加圆鼓柱础。其中西厢房后有一四五平方米的小天井，内有鱼池、花木，天井的墙□上有一砖雕装饰门楼，上刻"作濠间想"四字。

北

7.500

6.700

5.800

5.800

5.000

3.680

3.600

2.340

3.400

3.900

3.600

6.720

周边建筑

周边建筑

0　　　3　　　6m

▲　屋顶平面图

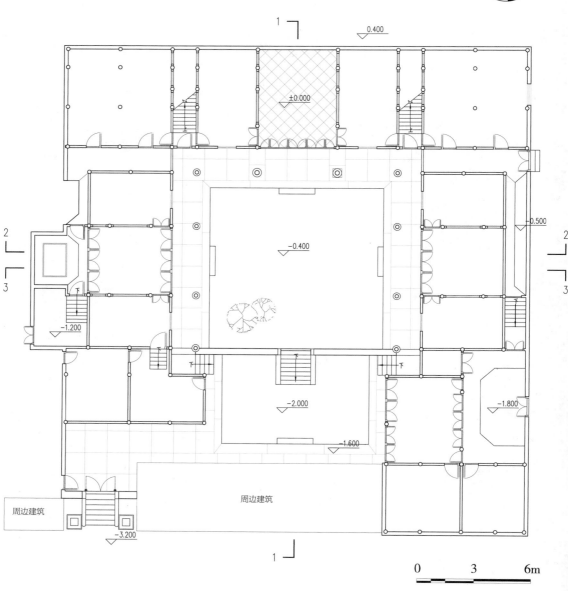

▲ 一层平面图

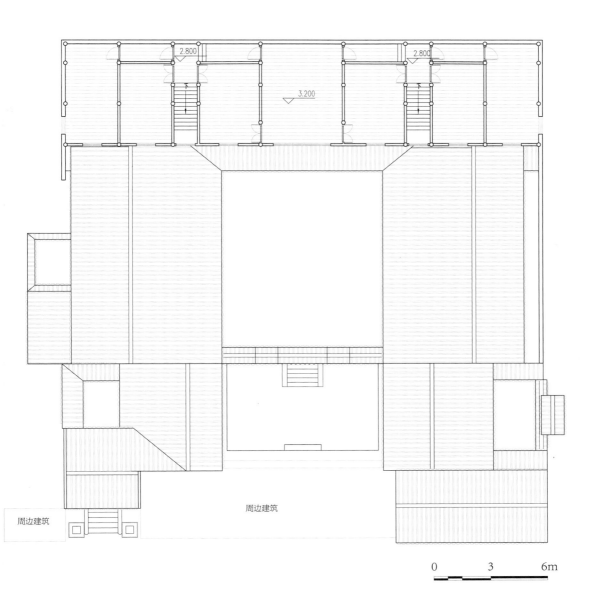

2.800

2.800

3.200

周边建筑

周边建筑

0        3        6m

▲ 二层平面图

▲ 东立面图

▲ 1-1 剖面图

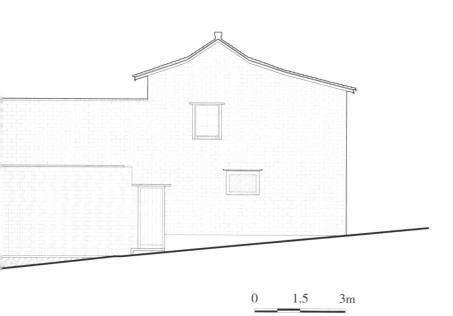

0    1.5    3m

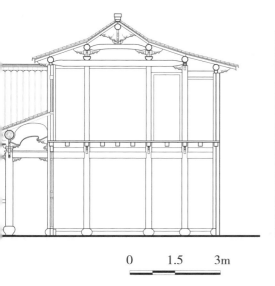

0    1.5    3m

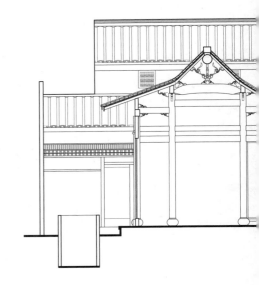

慎德楼位居中心位置，保存最为完整。西边与亚魁第一墙之隔，东边山路的尽头是创垂堂和新花楼。慎德楼占地约 750 平方米，依妙山而建，层层递进，由前院、大院两进院落组成，前院标高最低，大院稍高，正厅阁楼最高。

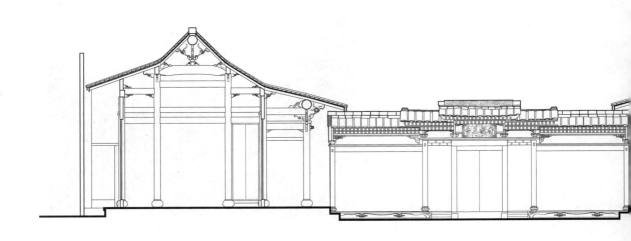

▲ 3-3 剖面图

▲　2-2 剖面图

0　　　1.5　　　3m

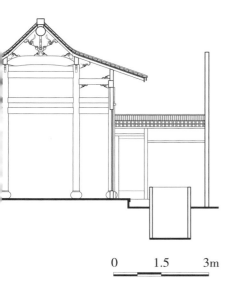

0　　　1.5　　　3m

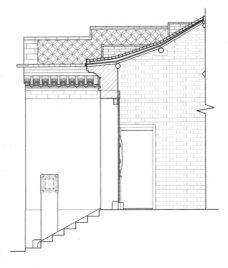

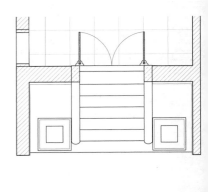

▲ 一进门剖面图　　　　　　　　　　　▲ 一进门平面图

▼ 一进门正立面图

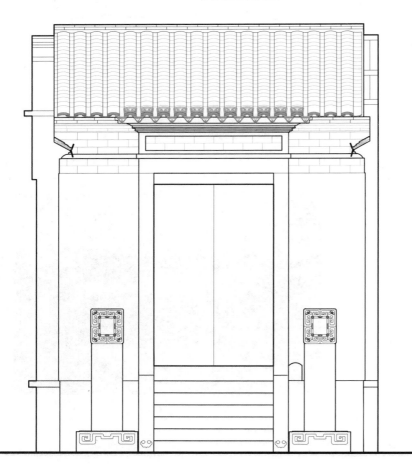

慎德楼似对称而不称，正大门位于西侧，有六级台阶，颇有气势，两边立有一对代表武举身份的石夹。

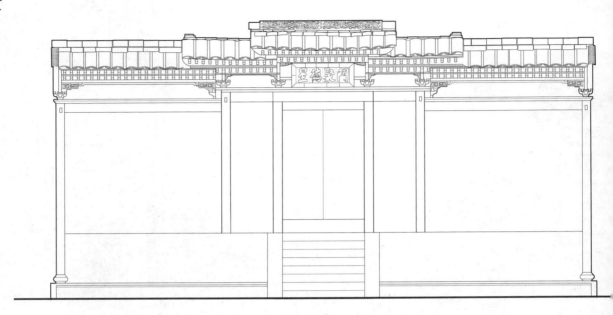

▲ 二进门正立面图

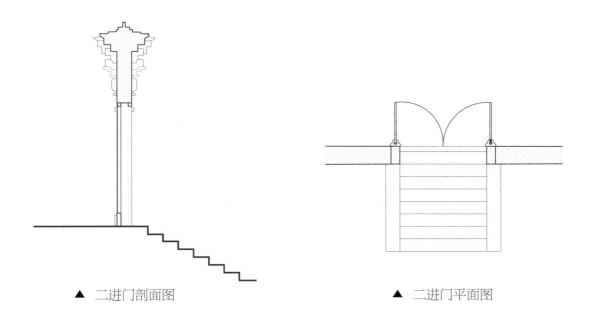

▲ 二进门剖面图　　　　　　　　　　　　▲ 二进门平面图

　　二门居于正中，为一砖雕门楼，檐口的斗拱、雀替、龙首等饰件均用砖雕，门楣上正面刻"门聚德星"匾，背面刻"秀挹三台"匾。

▼ 二进门背立面

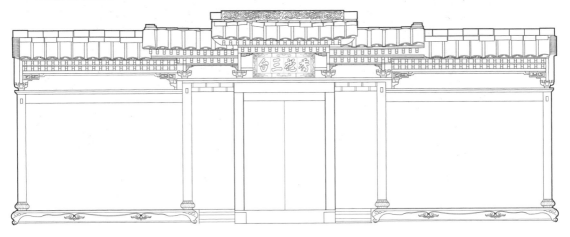

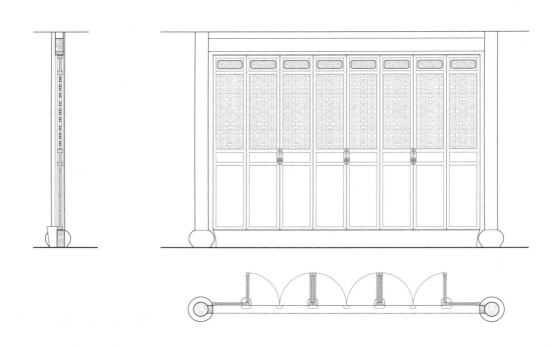

▲ 正房门大样图

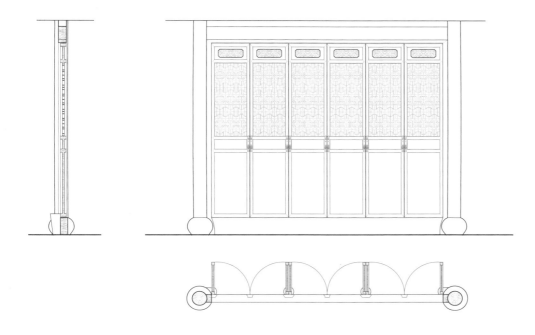

▲ 厢房门大样图

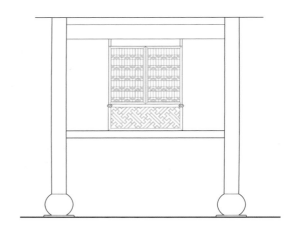

▲ 窗大样图

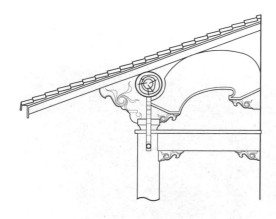

▲ 月梁大样图
▼ 瓦当大样图

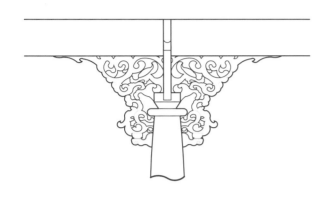

▲ 正房雀替大样图

▼ 厢房雀替大样图

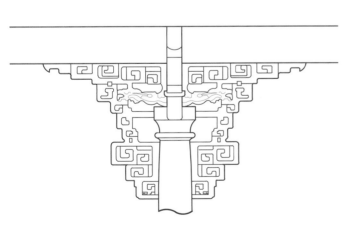

# 后记

2018 年的夏天，"诗路遗产与魅力廊道"浙东唐诗之路国际学术会议在台州学院举办，会议上提出了天台是"浙东唐诗之路的终点，海上丝绸之路的起点"。天台对于台州而言，具有极高的历史地位和文化地位。

恰巧，团队的沈晶晶老师早年在南京大学上学期间参与了天台古县城保护规划和赭溪沿河改造项目的前期调研。随后我们一起带领学生对古城进行调研，发现城内保留了相当多的宅门大院，建筑古风遗存，作法与宋《营造法式》记载颇有相似之处，建筑扁额、楹联、装饰处处体现诗礼文化，同时市井街巷也保留了浓郁的生活气息。于是就萌生了天台古县城历史建筑的测绘计划。

于是 2019 至 2020 年我们都在天台古县城进行测绘，我们每天往返于县城中的旅店和老建筑、街巷之间，早上能在县城喝到香浓的豆浆，傍晚能看到溪边的晚霞，每天晚上都改图到深夜。我们在测绘时，印象最深的就是老宅中的人们非常自豪地介绍本地的名人和达官的场景。在他们眼中，这些年代久远的历史建筑是一份宝贵的财富。特别是在张文郁故居的测绘过程中，他的后人每天都来慰问我们，关心测绘工作，并且向我们介绍关于这栋建筑的一些故事。与这些老建筑打交道有时候是困难的，但这些地方居民对我们这些外来人的关心和支持是我们做这些工作的动力。

2022 年夏天，台州学院大树文物与历史建筑学院成立。它为本书出版提供了契机和可能性。首先，该学院的成立离不开学校领导和社会各界的帮助，作为历史建筑方向的团队，作为地方高校的建筑学专业人员，我们能为地方历史建筑的保护和发展做些什么呢？记录，作为保护历史建筑的一种方式。目前在我们能力有限的情况下，记录这些保存尚为完整的历史建筑是当下唯一能做的力所能及的事情。所以，这本书对于这项具有长远意义的计划而言，希望能成为一个不错的开始。

当然，本书在成果上存在相当多的遗憾和不足。测绘方式依旧采用传统的方式，对于建筑历史还停留在单一的记录上。近些年，我们团队也在引进新的激光扫描设备，希望在后续的测绘工作中有质量更高的成果。此外由于时间有限，当时测绘的建筑数量还远远不够，本书中呈现的几栋建筑也未能完全展现天台古县城的风雅和古意，对于整个台州历史建筑测绘计划而言，本书的内容也仅仅是冰山一角。

最后，向参加此次测绘工作的台州学院建筑学师生们表示感谢，包括参与前期现场测绘、后期补充和整理的师生们。通过现场工作来获取一手宝贵资料的过程是极其艰辛的，但是整个台州历史建筑的保护和研究才刚刚起步，今后还需要做非常多的工作。以下是参与本次工作的人员名单。

台州学院建筑系参与测绘指导教师

沈晶晶　王　波　孟勤林

台州学院建筑系参加测绘学生

2016 级建筑学专业学生

| 王旭芳 | 金晓嫒 | 黄　冉 | 申屠沂 | 倪　艳 | 汪国庆 |
| 杨昊鑫 | 章俊超 | 邱　巧 | 汪翰陶 | 高　仪 | 唐　杰 |
| 柯　克 | 虞梦帆 | 高雨婷 | 潘　鹏 | 陈洲龙 | 陈宇冠 |
| 裴夏月 | 卞轶力 | 黄丽娜 | 茅金铭 | 祝益平 | 傅小晟 |
| 陈丹辉 | 任帅蓉 | 许景兰 | 林茵洁 | 蔡佳霖 | 陈　倩 |
| 马锦仁 | 彭　青 | 张丽娟 | 冯建豪 | 张　洋 | |

2017 级建筑学专业学生

| 陈天总 | 粟　娴 | 陈耿润 | 戴婉婷 | 赵迪华 | 沈佳彦 |
| 黄佳敏 | 叶盈盈 | 沈金洁 | 徐　瀛 | 孙　浩 | 杨淑华 |
| 胡欣雨 | 朱雨晴 | 刘伟民 | 陈　翼 | 李乾坤 | 柳一默 |
| 黄晓影 | 陈炳男 | 林盈盈 | 于宏程 | 汪雨朦 | 肖建辉 |
| 叶　雯 | 陈　磊 | 袁家明 | 林丹玲 | 林　成 | 罗　骁 |
| 吴尚鹏 | | | | | |

后期参与补充和整理的人员

沈晶晶　王　波　孟勤林　滕蕊（排版）　陈斌（摄影）

历史建筑保护传承在路上